FORSCHUNGSBERICHTE
DES WIRTSCHAFTS- UND VERKEHRSMINISTERIUMS
NORDRHEIN-WESTFALEN

Herausgegeben von Staatssekretär Prof. Leo Brandt

Nr. 93

Prof. Dr. W. Kast, Krefeld

Spinnversuche zur Strukturerfassung künstlicher Zellulosefasern

Als Manuskript gedruckt

Springer Fachmedien Wiesbaden GmbH

ISBN 978-3-663-04043-9   ISBN 978-3-663-05489-4 (eBook)
DOI 10.1007/978-3-663-05489-4

Forschungsberichte des Wirtschafts- und Verkehrsministeriums Nordrhein Westfalen

Gliederung

Vorwort .... S. 5

A. Einleitung .... S. 7
    1. Das Streckspinnverfahren der Chemiekupferseide .. S. 7
    2. Problemstellung .... S. 8

B. Der Aufbau der Versuchsspinnmaschine .... S. 11
    1. Zufuhr und Dosierung der Spinnlösung .... S. 11
    2. Zufuhr und Dosierung des Fällwassers .... S. 16
    3. Der Spinntrichter .... S. 20
    4. Die Photoeinrichtungen .... S. 23
    5. Die Fertigstellung der Fäden .... S. 24

C. Die Viskosität des entstehenden Fadens .... S. 24
    1. Die Viskosität in der Brause .... S. 24
        a) Die Form der Fließkurven .... S. 24
        b) Elastischer und viskoser Anteil .... S. 28
        c) Versuchsanordnung .... S. 29
        d) Versuchsergebnisse .... S. 32
    2. Die Viskosität des Fadens im Trichter .... S. 39
        a) Die Methode von TROUTON und ihre Übertragung auf den spinnenden Faden .... S. 39
        b) Versuchsergebnisse .... S. 42
    3. Die sogenannte optimale Viskosität .... S. 46
        a) Definition des optimalen Zustandes .... S. 46
        b) Der Ort des optimalen Zustandes im Trichter .. S. 49

D. Die Röntgenstruktur des entstehenden Fadens .... S. 53
    1. Die Röntgenstruktur des nassen Fadens .... S. 53
    2. Die Röntgenstruktur des trockenen Fadens .... S. 58
    3. Das Auftreten der Hochtemperaturmodifikation der Zellulose .... S. 60

E. Schluß .... S. 64
    1. Zusammenfassung .... S. 64
    2. Ausblick .... S. 68

F. Literaturverzeichnis .... S. 69

Forschungsberichte des Wirtschafts- und Verkehrsministeriums Nordrhein Westfalen

Vorwort

Allen Verfahren zur Herstellung von Kunstseiden auf Zellulosebasis liegt das gleiche Prinzip zugrunde: Die unlösliche native Form I der Zellulose wird in eine lösliche Zelluloseverbindung übergeführt, die Spinnlösung vermittelst Spinndüsen in Fadenform in ein Fällbad gegeben, in dem sie koaguliert. Die Verstreckung der Fäden, ihre Regenerierung zu reiner Zellulose der ausgefällten Form (II) oder Hydratzellulose und schließlich die Trocknung vollenden dann den Herstellungsprozeß. Alle diese Teilprozesse geben Gelegenheit zur Beeinflussung des Spinnergebnisses, doch ist unter ihnen bisher eigentlich nur der Verstreckungsvorgang eingehender untersucht. Auch unser vorhergehender Forschungsbericht Nr. 35 beschäftigte sich näher mit diesem. Die Beschränkung auf den Streckvorgang ist beim Viskoseverfahren noch berechtigt, weil dort die Verstreckung im allgemeinen erst im weitgehend fertig koagulierten Zustand durchgeführt wird. Anders jedoch beim Streckspinnverfahren der Chemiekupferseide: Hier sind die Vorgänge der Koagulation und der Verstreckung unmittelbar miteinander gekoppelt, und dadurch werden gleich hinter der Spinndüse, also sozusagen noch im Lösungszustand, form- und strukturbildende Kräfte auf den Faden ausgeübt. Infolgedessen kann hier auch der Lösungszustand nach Maßgabe seiner elastisch-viskosen Fließeigenschaften, die sich je nach der Fördergeschwindigkeit durch die Spinndüsen und je nach deren Form stark verändern, an der Strukturausbildung der Fäden teilhaben. Der Hauptteil dieses Berichtes, der speziell dem Kupferverfahren gilt, ist daher dem Fließverhalten der Spinnlösung in den Spinndüsen und im Spinntrichter bis zur vollständigen Verfestigung gewidmet. Vorher wird der Aufbau der Versuchsspinnmaschine und die Durchführung der Versuche besprochen, während in dem dritten Teil versucht wird, die Röntgenstruktur der fertigen Fäden zu den Strömungsvorgängen in den Spinndüsen und den Verfestigungsvorgängen im Spinntrichter in Beziehung zu setzen.

Diese Spinnversuche erfreuten sich des starken Interesses und der dankenswerten Unterstützung durch die beiden westdeutschen Kunstseidenfabriken, die Chemiekupferseide herstellen. So stellte die Farbenfabriken Bayer A.G., Werk Dormagen, alle Einzelteile der Versuchsspinnmaschine zur Verfügung, wobei auch teure Sonderanfertigungen nicht gescheut wurden, um die Maschine in ihrem Aufbau den räumlichen Bedingungen unseres

Laboratoriums und unseren Versuchsabsichten in bestmöglicher Weise anzupassen. Dazu übernahm dieses Werk auch die Kosten für die Spezialanfertigung der Versuchsspinndüsen aus VA-Stahl. Die J.P. Bemberg A.G. andererseits überließ uns eine wertvolle Photoeinrichtung, die fünffach vergrößerte Bilder der spinnenden Fäden im Trichter lieferte, leihweise und dazu ein Hochspannungskondensatorfunkengerät hoher Belichtungsleistung bei kürzester Belichtungszeit, wodurch auch von den dünnen und lebhaft bewegten Fäden am Ende des Trichters noch gut vermeßbare Bilder erhalten wurden. Besonderer Dank hat aber dem Herrn Minister für Wirtschaft und Verkehr des Landes Nordrhein-Westfalen zu gelten, der diese Versuche durch die Bereitstellung einer Forschungsbeihilfe in Höhe von DM 21.600.-- erst ermöglichte. Davon konnte neben kleineren Dingen eine leistungsfähige Röntgenapparatur (DM 9.400.--), eine besonders konstruierte Trockentrommel und eine Spezialkamera für Röntgenaufnahmen am laufenden Faden (DM 3.500.--) beschafft und eine Hilfskraft (DM 7.000.--) für die Bedienung und Wartung der Spinnmaschine eingestellt werden. Gleichzeitig möchte ich die Gelegenheit benutzen, Herrn Direktor Dr. HOFMANN, Dormagen, für sein stets so freundliches Interesse und die wirksame Förderung unserer Arbeiten zu danken. Ebenso erfreuten unsere Versuche sich des warmen Interesses von Herrn Direktor Dr. MALKOMES, Wuppertal. Ferner haben wir Herrn Dr. MESKAT, Dormagen, zu danken, von dem die Initiative zur Herstellung der Versuchsspinnmaschine ausging, und nicht zuletzt Herrn Dipl.-Ing. ELSAESSER, Wuppertal, der in freundschaftlicher Zusammenarbeit uns seine Erfahrungen und seine Hilfe zur Verfügung stellte. Eine wertvolle Unterstützung erfuhren diese Arbeiten auch durch die Firma Paul Aschenbrenner, Müllheim/Baden, die uns nach ihrem Spezialverfahren nicht nur Glasdüsen mit den Bodendicken 0,3 bis 6,0 mm und je 8 zylindrischen Bohrungen von 0,3 mm Durchmesser herstellte, sondern uns diese auch kostenlos überließ. Weiter sei auch meinen Mitarbeitern Dr. PRIETZSCHK und W. LECHTE für ihre unermüdliche Hilfe gedankt und ebenso auch der Textilausrüstungsgesellschaft Schröers & Co., Krefeld, die mancherlei Umbauten in Kauf nahm, um die Spinnversuche zu ermöglichen, und die das Permutitwasser und den Heizdampf dazu unentgeltlich zur Verfügung stellte.

Krefeld, den 15. August 1953　　　　　　　　　　　　　　　W. K A S T

Forschungsberichte des Wirtschafts- und Verkehrsministeriums Nordrhein Westfalen

A. Einleitung

1. Das Streckspinnverfahren der Chemiekupferseide

Für die Spinnversuche wurde ausschließlich Kupferoxydammoniak-Spinnlösung benutzt und nach dem dafür üblichen nassen Streckspinnverfahren versponnen. Dabei tritt die für eine bestimmte Fadenstärke und bestimmte Spinngeschwindigkeit dosierte Lösung aus einer Spinnbrause, die mit einer der gewünschten Fadenstärke angepaßten Zahl von Löchern mit meist 0,8 mm ⌀ versehen ist, in den Spinntrichter A ein, der von entlüftetem warmem Wasser (Fällwasser) durchflossen wird (Abb. 1). Bei dem Lauf des Faserbündels durch den Trichter geht das Ammoniak und ein Teil des Kupfers in das Fällwasser über, wobei die Viskosität der Spinnmasse ständig wächst. Zusammen mit dem Fällwasser tritt das Faserbündel dann aus dem Trichter aus, wird durch das Umlenkorgan B vom Wasserstrahl getrennt und einer Vorrichtung C zugeführt, in welcher ihm durch verdünnte Schwefelsäure der restliche Kupfergehalt entzogen wird. Danach wird der Faden von dem Abzugsorgan D aufgenommen und einer Aufwickelvorrichtung zugeleitet. Im Wickel wird der Faden gewaschen und getrocknet.

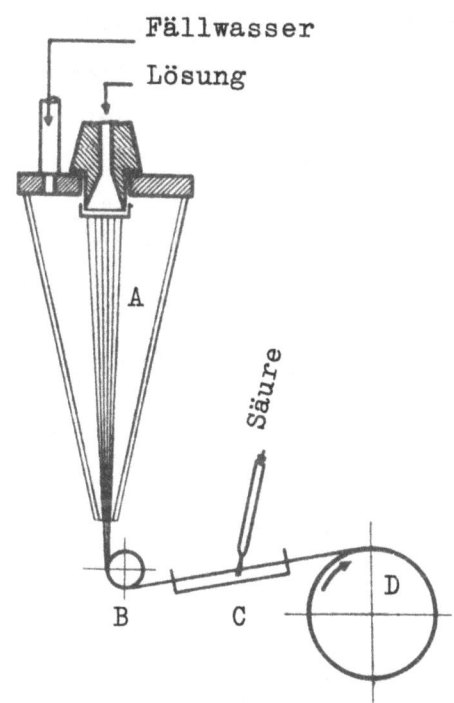

A b b i l d u n g 1

Schematische Darstellung der Spinnapparatur für das Kupferstreckspinnverfahren (nach ELSAESSER)

Forschungsberichte des Wirtschafts- und Verkehrsministeriums Nordrhein Westfalen

Die dem Faden vom Abzugsorgan D aufgezwungene Spinn- oder Abzugsgeschwindigkeit bewirkt, daß der Faden in der Regel im größten Teil des Spinntrichters eine höhere Geschwindigkeit besitzt als das durchfließende Fällwasser. Dadurch entstehen Reibungskräfte, so daß ein Zug auf den Faden ausgeübt werden kann. Gleichzeitig geht die Koagulation und Verfestigung des Fadens vor sich. Dieser Austauschvorgang ist in seinem zeitlichen Ablauf wesentlich durch die Temperatur des Fällwassers und durch die Menge der zugeführten Lösung (Fadenstärke), sowie durch die Spinngeschwindigkeit bestimmt. Am Ende des Trichters, also unter der ausschließlichen Wirkung des Fällwassers, entsteht so ein schon ziemlich fester Faden, in dem das Kupfer in einem festen Verhältnis an die Zellulose gebunden zu sein scheint. Dieser "Blaufaden" stellt den ersten stabilen Zustand dar. In Berührung mit der Säure außerhalb des Trichters verliert er dann das restliche Kupfer, so daß er nunmehr aus reiner, hochgequollener Zellulose besteht. Durch Trocknung wird dem Faden endlich noch das Quellwasser entzogen und so die reine regenerierte Zellulose erhalten.

Für die Strukturbildung des Fadens ist nach ELSAESSER[1] nicht nur die Größe der Zugkräfte, sondern auch der Ort, an dem sie auftreten, bestimmend, weil der Faden erst nach Maßgabe seiner Zähigkeit in der Lage ist Kräfte aufzunehmen und die dadurch bewirkten Strukturen zu fixieren. So ist der Mechanismus des Spinnverfahrens also gekennzeichnet durch die Deformation einer plastischen Masse unter der Einwirkung einer Zugspannung, wobei sich sowohl die Plastizität oder Viskosität der Masse als auch die an derselben angreifenden Zugspannungen während ihres Durchlaufens durch den Spinnapparat verändern.

2. Problemstellung

Nach den vorstehenden Überlegungen sind es zwei Größen, die die Strukturbildung bestimmen und deren Kenntnis im Trichter Punkt für Punkt erforderlich ist, die Viskosität des Fadens und die auf ihn ausgeübte Zugspannung. Die Bestimmung der Zugspannungen ergibt sich aus den aufgeprägten Kräften. Die Schwerkraft, die mit dem Gewicht des unter der Düse hängenden Fadens wirkt, nimmt mit fortschreitendem Weg im Trichter ab. Sie ist aber von vornherein sehr klein, weil der Faden sich in Wasser befindet, so daß nur die kleine Differenz der spezifischen Gewichte der Spinnlösung und des Wassers wirksam ist. Ihre Bestimmung erfolgt durch die

Ausmessung des Fadenprofils und seine Integration von der Umlenkrolle nach oben. Maßgebend ist praktisch ausschließlich die Reibungskraft, die sich aus der Differenz der Geschwindigkeiten des Fadens und des Wassers berechnet. Die Wassergeschwindigkeit ist aus der durchfließenden Wassermenge und dem Querschnitt des Trichters an jeder Stelle bekannt.

Die Fadengeschwindigkeit v_F kann in erster Näherung den Querschnitten q des Fadens entnommen werden:

$$v_{F_x} = v_o \cdot \frac{q_o}{q_x} \; ;$$

v_o und q_o gelten für die Brause. Im untersten Teil des Trichters aber, in dem die Diffusion eine zusätzliche Verminderung des Fadenquerschnittes ergibt, führt diese Rechnung auf zu hohe "scheinbare" Fadengeschwindigkeiten (gestrichelte Kurve der Abbildung 2). Man berücksichtigt diese (nach ELSAESSER), indem man die Fadengeschwindigkeit am Ende gleich der Abzugsgeschwindigkeit setzt, was immer dann zulässig ist, wenn der Blaufadenzustand mit Bestimmtheit vor dem Trichterende erreicht wird. Man erkennt das daran, daß der Faserdurchmesser sich im letzten Teil des Spinntrichters nicht mehr ändert, und kann dann, wie es in Abbildung 2 ausgeführt ist, vom Trichterende aus die Spinngeschwindigkeit als konstanten

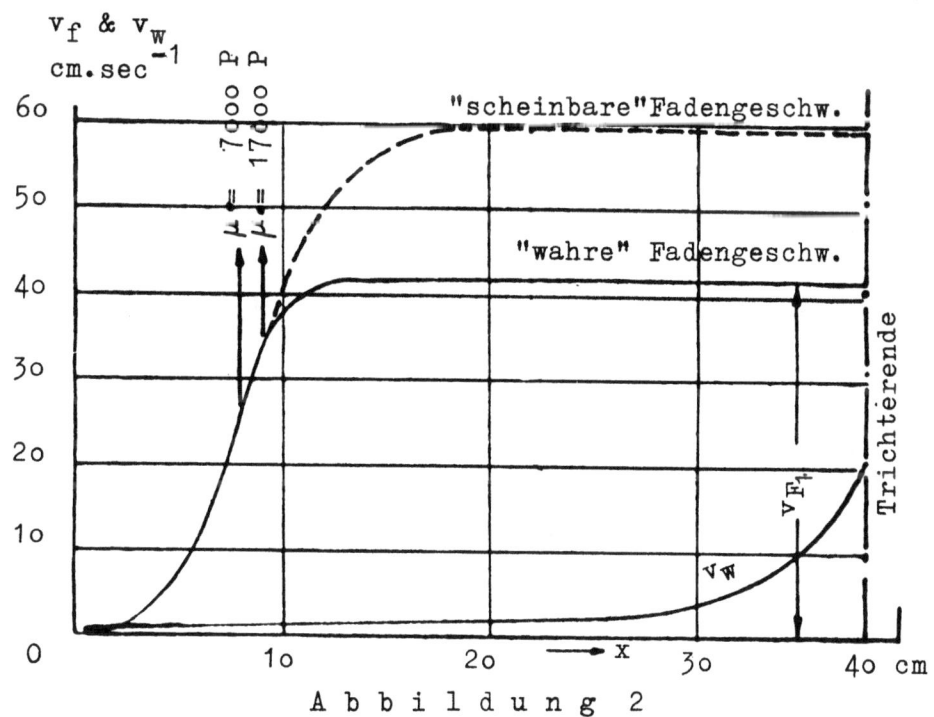

Abbildung 2

"Scheinbare" und "wahre" Fadengeschwindigkeit, sowie Wassergeschwindigkeit im Spinntrichter (nach ELSAESSER)

Wert so weit rückwärts auftragen, wie der Fadendurchmesser unverändert bleibt, und diese Kurve der "wahren" Fadengeschwindigkeit dann der aus den Querschnitten bestimmten "scheinbaren" Fasergeschwindigkeit annähern. Im Annäherungspunkt beider Kurven beträgt die Fadenviskosität (s. Abb. 2) mit etwa 17 000 Poise nur knapp das 10fache, im Blaufadenzustand mit 10^{10} rund das 600 000fache der Spinnlösung. Man darf also annehmen, daß hier noch kaum eine Diffusion stattgefunden hat, so daß die Fadengeschwindigkeit aus dem Faserquerschnitt einigermaßen richtig geliefert wird.

Die von den beiden Kurven der Fadengeschwindigkeit und der Wassergeschwindigkeit eingeschlossene Fläche gibt dann ein Maß für die Größe der auf den Faden ausgeübten Zugkraft, aus der für den örtlichen Faserquerschnitt die örtliche Zugspannung berechnet werden kann.

Nachdem so eine einigermaßen sichere Bestimmung der Zugspannungen möglich ist, galten unsere Versuche besonders den mit ihnen zusammen die Fadenstruktur bestimmenden örtlichen Viskositäten des Fadens. Zunächst interessieren die Fließeigenschaften der Spinnlösung in der Düse und zwar ihre "elastische" Verformung am Einlauf in die Düse, die auf dem Strömungswege allmählich wieder verschwindet, und die "viskose" Orientierung durch das Geschwindigkeitsgefälle, die sich mit zunehmendem Wege in der Düse erst allmählich ausbildet. Beide Vorgänge sind durch Variation der Düsenlänge im Verhältnis zu ihrem Durchmesser erfaßbar. Weiter besteht das Problem, die Viskosität im Faden selbst nach der von BOZZA und ELSAESSER für diesen Zweck modifizierten TROUTON'schen Methode zu messen, wobei sich die Frage ergibt, ob das Profil des Fadens als lediglich durch seine Fließeigenschaften gegeben betrachtet werden darf. Drittens ist die Bedeutung der sog. "optimalen Viskosität" zu klären, wie ELSAESSER sie definiert hat. Auch die Messungen der Fließverhältnisse im Brausenloch erfolgten beim Spinnen selbst, so daß zu jeder Form der Spinndüse auch das mit ihr gesponnene Produkt zur Verfügung steht. Dadurch ist die Möglichkeit gegeben, etwaige Einflüsse der Strömungsverhältnisse in der Brause auf die Struktur des fertigen Fadens nachzuprüfen. Ebenso wurde versucht, auch die Struktur des entstehenden Fadens röntgenographisch zu erfassen.

Forschungsberichte des Wirtschafts- und Verkehrsministeriums Nordrhein Westfalen

B. Der Aufbau der Versuchs- spinnmaschine

Die Versuchsspinnmaschine umfaßt außer dem eigentlichen Spinnteil, dem Spinntrichter und den Absäuerungs- und Abzugsorganen, die Einrichtungen für die Zufuhr und die Dosierung der Spinnlösung sowie für die Zufuhr des Spinnwassers und seine Dosierung nach Menge und Temperatur. Die Spinnapparatur sowohl wie die für die Regelung der Lösung und des Spinnwassers notwendigen Organe wurden uns von den Farbenfabriken Bayer, Dormagen, zur Verfügung gestellt. Sie wichen unter Berücksichtigung der in unserem Laboratorium gegebenen räumlichen Bedingungen und unserer Versuchsabsichten vielfach von den betriebsüblichen ab und sind daher im folgenden näher beschrieben.

1. Zufuhr und Dosierung der Spinnlösung

Die Spinnlösung befindet sich in einem mit einem Wasserkühlmantel versehenen Kessel aus VA-Stahl und wird durch den aufgesetzten Druck einer Vorratsflasche von chemisch reinem Stickstoff herausgedrückt und den Regelorganen zugeführt (Abbildung 3). Die Kühlung des Kessels ist erforderlich, um einen thermischen Abbau der Zellulosemoleküle in der Spinnlösung zu verhindern; der chemisch reine Stickstoff soll dazu einen oxydativen Abbau vermeiden. Die Lösung gelangt dann durch Rohrleitungen aus VA-Stahl zu der Spinnpumpe.

Zwischen den Kessel und die Spinnpumpe wird noch ein Filter geschaltet, um grobe Teilchen von Lösungsrückständen zurückzuhalten und die Verstopfung der Spinndüsen zu vermeiden. Das Filter besteht aus einer VA-Gaze mit 300 Löchern pro cm^2, die in 6-facher Lage verwendet wird. Die Spinnpumpe ist eine Zahnradpumpe. Ihre Förderung ist ihrer Drehgeschwindigkeit proportional und soll von der Druckdifferenz auf beiden Seiten der Pumpe unabhängig sein. Die Pumpe bestimmt also, unabhängig von den herrschenden Drucken, das der Spinnbrause sekundlich zugeführte Lösungsvolumen. In Abbildung 4 ist die Charakteristik der Spinnpumpe dargestellt. Sie zeigt ein Fördervolumen von 0,61 cm^3 pro Umdrehung an und bestätigt seine Unabhängigkeit von der Druckdifferenz vollauf.

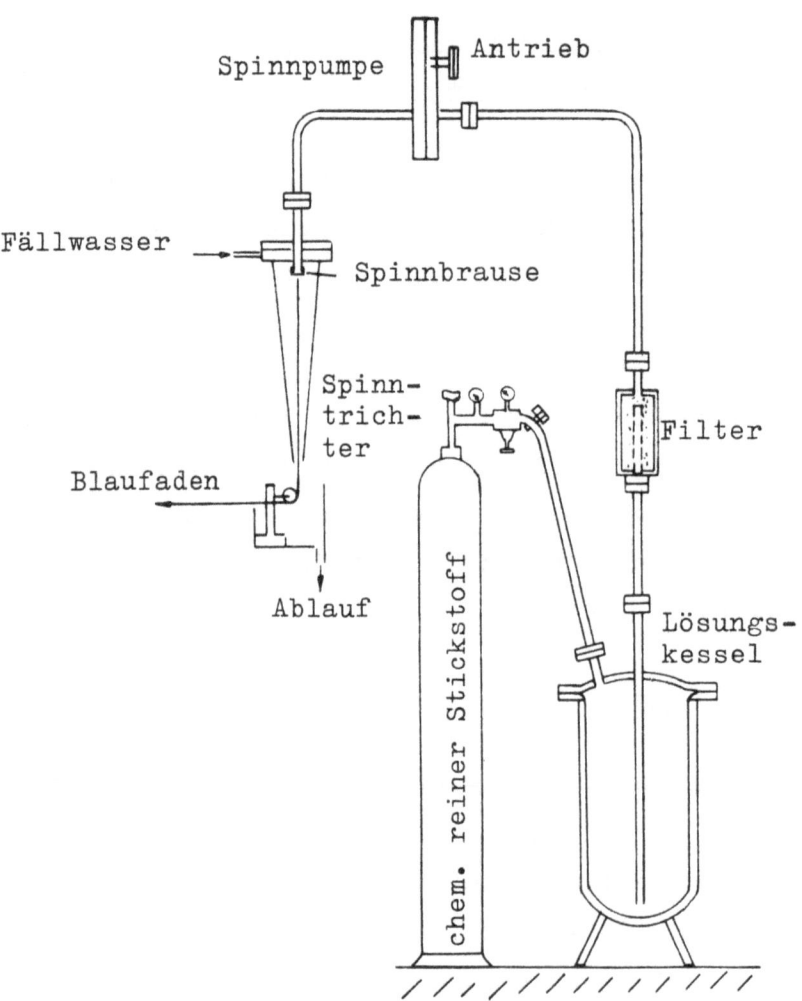

Abbildung 3
Schema der Lösungsleitung

Die Drehzahl der Pumpe muß so eingestellt werden, daß sie die zur Erzeugung von Fäden vorgegebener Dicke erforderliche Lösungsmenge liefert. Diese Lösungsmenge berechnet sich zu

$$Q_L = \frac{v_{F_1}}{\varrho_L \cdot c_L} \cdot \frac{\Theta}{9000} \cdot \frac{S}{h}$$

Dabei bedeutet Θ den Bündeltiter in Denier,

v_{F_1} die Abzugsgeschwindigkeit in m/min,

ϱ_L die Dichte der Spinnlösung,

c_L die Konzentration der Spinnlösung,

S den Schrumpffaktor des Fadens,

h den Feuchtigkeitsfaktor.

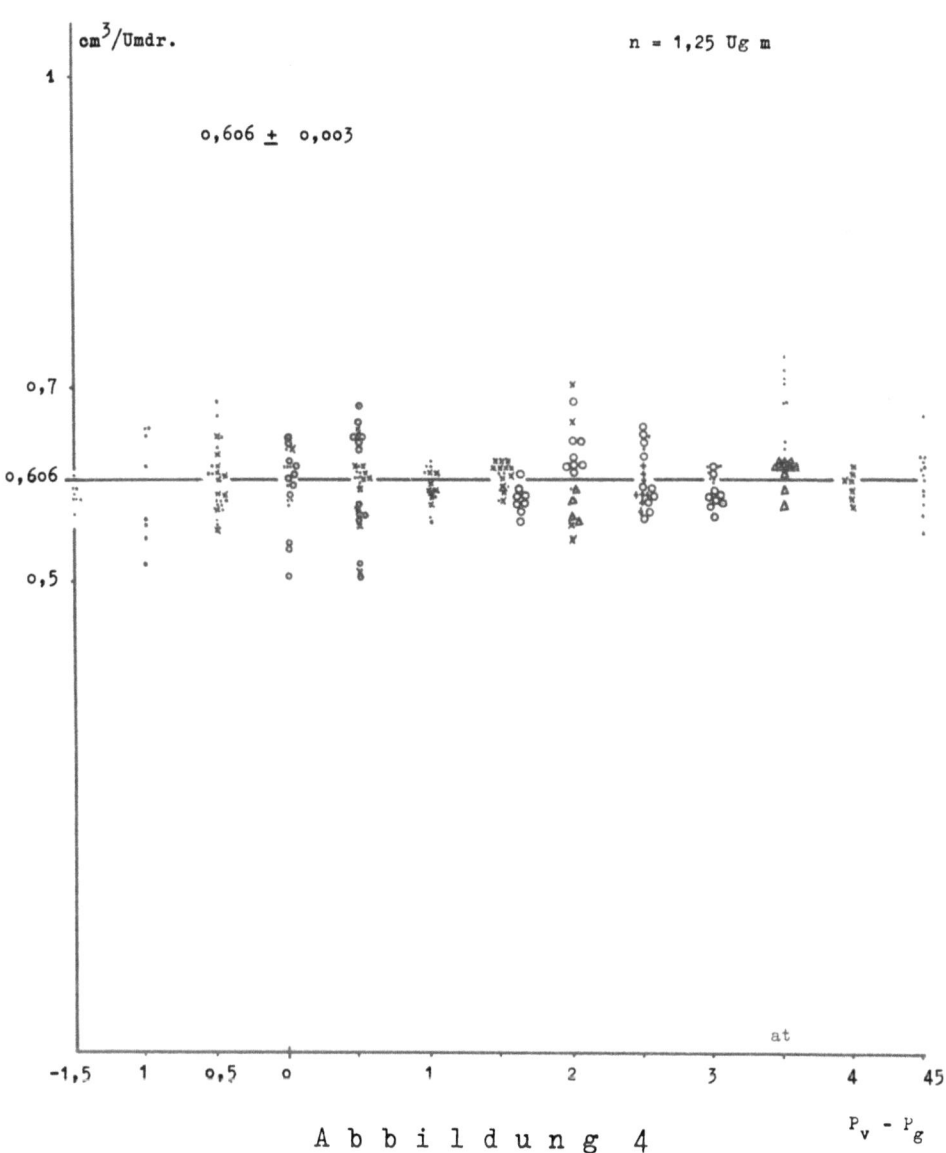

Abbildung 4

Fördervolumen der Pumpe in cm³ pro Umdrehung in Abhängigkeit von der Differenz des Eingangs- und Ausgangsdruckes

Die Denier-Zahl hat die Bedeutung des Gewichtes von 9000 m Faden. Die Zellulosekonzentration der Lösung beträgt im allgemeinen 9 % ($C_L = 0,09$), ihre Dichte ist dann 1,06. Der Schrumpffaktor ist mit 0,9 einzusetzen, der Feuchtigkeitsfaktor des normal konditionierten Fadens mit 1,11.

Da der Titer des Einzelfadens im allgemeinen 1,33 den. beträgt, ist es zweckmäßig, die für die einzelne Düsenbohrung erforderliche Lösungsmenge zu berechnen. Diese ist unter Einhaltung der oben genannten Bedingungen nur noch von der Spinngeschwindigkeit abhängig, und zwar gilt

$$Q'_L = 1,27 \cdot 10^{-3} \cdot v_{F_1}$$

Die gesamte erforderliche Lösungsmenge wird dann durch Multiplikation dieser Zahl mit der Anzahl z der Brausenlöcher erhalten, also

$$Q_L = z \cdot Q'_L = 1{,}27 \cdot 10^{-3} \cdot z \cdot v_{F_1}$$

Da der Fasertiter auf mindestens 5 % eingehalten werden muß, ist es notwendig, die Drehzahl der Pumpe mit dieser Genauigkeit einzustellen. Dazu ist die Verwendung eines Vorgeleges mit mehreren auswechselbaren Zahnrädern erforderlich. Abbildung 5 zeigt diese Anordnung in schematischer Darstellung.

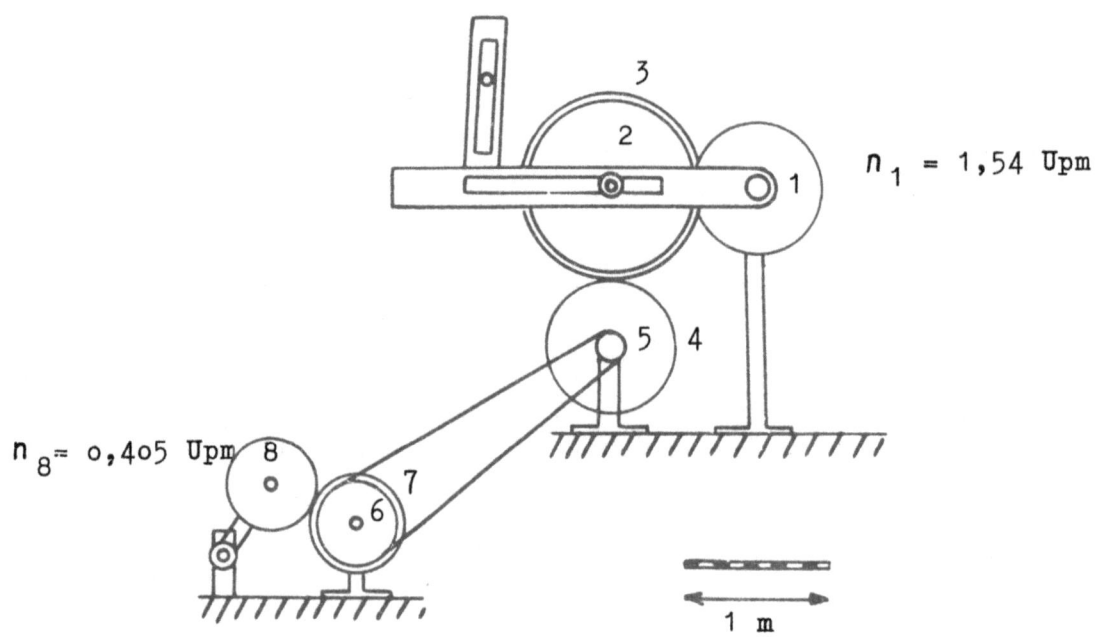

A b b i l d u n g   5
Zahnradvorgelege der Spinnpumpe

Da bei unseren Versuchen die Zahl der Brausenlöcher im Verhältnis von mehr als 1 : 50 variiert wurde, war die Verwendung von 2 verschiedenen Antriebsmotoren erforderlich. Der eine war ein normaler Drehstrommotor mit 2800 Umdr./min, der andere ein Getriebemotor, der 1480 Umdr./min machte, die mittels einer Schnecke auf 1480/12 = 123 Umdr./min reduziert waren. Beide Drehzahlen wurden vor dem Eingang in das Zahnradgetriebe mittels einer Schnecke im Verhältnis 1 : 80 herabgesetzt. Die Drehzahlen des ersten Zahnrades betrugen also 35 bzw. 1,54 Umdr./min. Tabelle 1 und 2 geben die Zusammenstellung der für die einzelnen Versuche verwendeten Getriebe an.

Forschungsberichte des Wirtschafts- und Verkehrsministeriums Nordrhein Westfalen

Tabelle 1
Zusammenstellung der Zahnräder des Pumpengetriebes für den Abzug 24 m/min

Zahnrad Nr.	460	20	8	Brausenlochzahl
	14,0	0,61	0,244	Pumpenförderung cm^3/min
	23,0	1,00	0,400	Pumpendrehzahl Umdr./min
	35,0	1,54	1,54	Eingangsdrehz. Umdr./min
1	80	100	80	
2	100	50	110	
3	120	110	120	
4	80	100	80	
5	16	16	16	
6	48	48	48	
7	110	60	50	
8	69	69	69	
Übersetzung	0,640	0,638	0,264	
Pumpendrehzahl	22,4	0,98	0,405	
Abweichung	- 2,6 %	- 2,0 %	+ 1,25 %	

Tabelle 2
Zusammenstellung der Zahnräder des Pumpengetriebes für die Brausenlochzahl 8

Zahnrad Nr.	24	48	72	Abzug m/min
	0,244	0,488	0,732	Pumpenförderung cm^3/min
	0,400	0,800	1,200	Pumpendrehzahl Umdr./min
	1,54	1,54	1,54	Eingangsdrehz. Umdr./min
1	80	80	80	
2	110	110	60	
3	120	120	120	
4	80	80	100	
5	16	16	16	
6	48	48	48	
7	50	100	100	
8	69	69	69	
Übersetzung	0,264	0,528	0,723	
Pumpendrehzahl	0,405	0,810	1,19	
Abweichung	+ 1,25 %	+ 1,25 %	- 0,83 %	

Forschungsberichte des Wirtschafts- und Verkehrsministeriums Nordrhein Westfalen

2. Zufuhr und Dosierung des Fällwassers

Als Fällwasser wird in einer Permutitanlage weichgemachtes Wasser benutzt, dessen pH-Zahl zwischen 8 und 9 liegen soll. Das Wasser wurde uns in ausreichender Qualität von der Textilausrüstungs-Gesellschaft zur Verfügung gestellt, in deren Werk Haideck (Stückfärberei) sich das Labor befindet. Zum Austreiben der Luft aus dem Permutitwasser, sowie zu seiner richtigen Temperierung und Dosierung diente die in Abbildung 6a und b, sowie Abbildung 7 schematisch dargestellte Wasserstation.

Als Vorratsbehälter wurden 2 Kessel mit je $1/2$ m^3 Fassungsvermögen aufgestellt (Abb. 6). Die Kessel bestanden aus Eisenblech und waren zur Vermeidung der Oxydation der Wände mit Aluminium ausgekleidet. Der Kessel I dient der Entgasung des Wassers, die deshalb mit Sorgfalt durchgeführt werden muß, weil vermieden werden muß, daß sich Luftbläschen an die Fäden

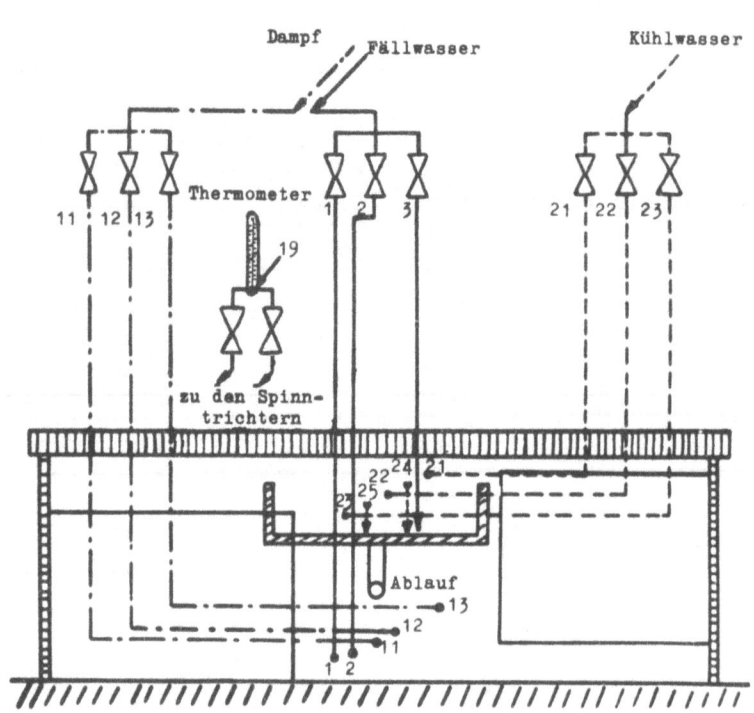

Abbildung 6

Schematische Darstellung der Wasserstation

a) Verteilung von Permutitwasser, Heizdampf und Kühlwasser

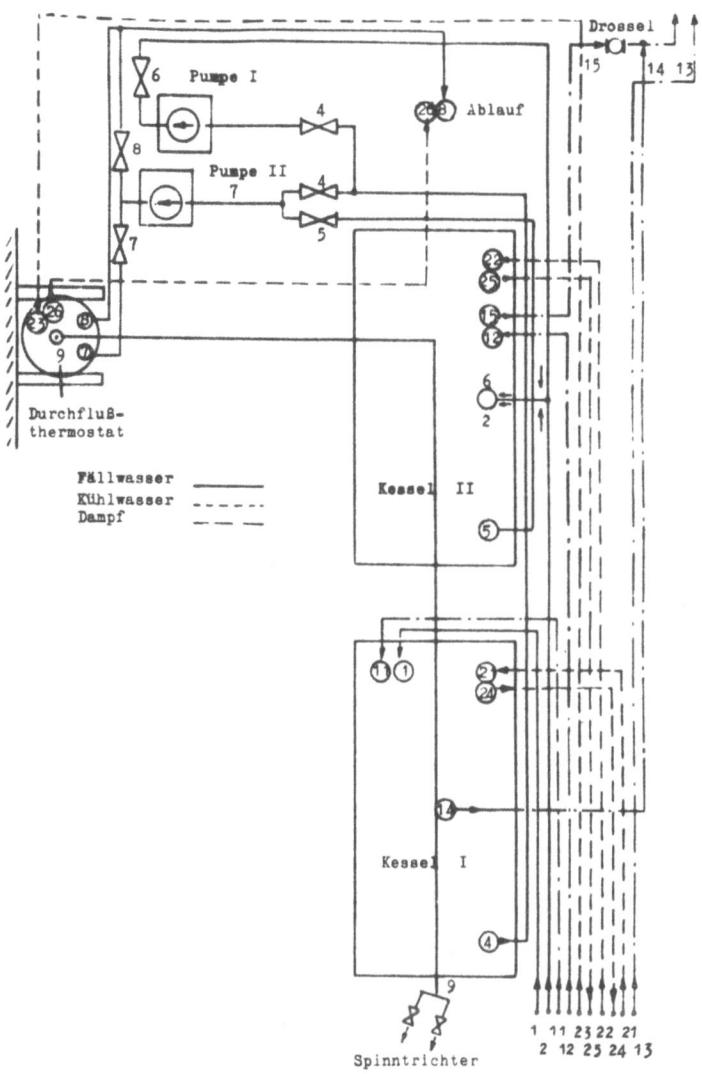

Abbildung 6
Schematische Darstellung der Wasserstation
b) Wasserkessel und Pumpenanlage

setzen und den Ablauf des normalen Spinnvorganges stören. Er wird mittels des Hahnes (1) aus der Permutitleitung der T.A.G. gefüllt, wobei dafür Sorge getragen werden muß, daß diese Leitung durch Öffnen eines Ablaßhahnes (3) erst gut durchgespült wird, um etwaige Eisenniederschläge aus der Leitung zu entfernen. Der Kessel enthält auf seinem Boden ein Düsenrohr aus VA-Stahl, in das über den Hahn (11) Dampf eingeleitet werden kann, nachdem zuvor durch den Hahn (13) und die Leitung (13) etwaiges Kondenswasser aus der Dampfleitung entfernt ist. So konnte das Wasser zum Kochen gebracht und die darin enthaltene Luft ausgetrieben

Forschungsberichte des Wirtschafts- und Verkehrsministeriums Nordrhein Westfalen

werden. Sie tritt dann zusammen mit dem Abdampf aus der Leitung (14) aus. Eine Kühlschlange (21,24), gleichfalls aus VA-Stahl, die unter dem Deckel des Kessels angebracht ist, gestattet in Verbindung mit 2 Rührern das Wasser anschließend auf eine Temperatur abzukühlen, die nahe der Spinntemperatur liegt. Nach der Entgasung und Abkühlung in Kessel I wird das Spinnwasser dann auf dem Wege über die Leitung (4), Pumpe I und Leitung (6) in den Vorratskessel II hinübergepumpt, so daß der Kessel I zur Aufnahme und Entgasung einer neuen Füllung frei wird. Der Kessel I kann über Leitung (4), Pumpe II und Leitung (8) aber auch direkt entleert werden.

Im Kessel II muß die Wassertemperatur dann der Spinntemperatur entsprechend genau eingeregelt werden, wobei sie etwa 2° niedriger gehalten wird, damit die endgültige Temperaturregelung in dem Durchflußthermostaten erfolgen kann. Für die Temperaturvorregelung enthält der Kessel II eine Heizschlange (12,15) und eine Kühlschlange (22,25), beide aus VA-Rohr, und ebenfalls 2 Rührwerke. Die Heizschlange ist am Boden, die Kühlschlange nur wenig darüber angebracht, damit auch dann, wenn der Kessel nur noch zum Teil gefüllt ist, eine Kühlung möglich wird. Von dem Kessel gelangt das Spinnwasser über die Leitung (5), die Wasserpumpe II und die Leitung (7) in den hochgelegenen Durchflußthermostaten. Über die Leitung (8) können der Kessel II und der Durchflußthermostat entleert werden. Im Notfalle kann der Kessel II mittels des Hahnes (2) auch unmittelbar mit Permutitwasser aus der Leitung gefüllt werden.

Der Durchflußthermostat dient der endgültigen Temperaturregelung des Wassers und der Einstellung eines bestimmten Wasserstandes, damit die Zuleitungen zum Spinntrichter stets unter dem gleichen Druck stehen. Seine Wirkungsweise geht aus der schematischen Darstellung in Abbildung 7 hervor. Das Fällwasser tritt in den Mantel des Durchflußthermostaten ein und gelangt durch Überlauf dann in den mittleren Teil, aus dem es nach unten zum Spinntrichter abfließt. Die Höhe des Wasserspiegels wird durch einen Schwimmer geregelt, der einen Schaltkontakt für die Wasserpumpe betätigt. Wenn der Wasserstand ein bestimmtes Maß erreicht hat, schaltet der Schwimmer die Pumpe aus. Der Wasserspiegel sinkt dann durch den Verbrauch des Wassers langsam wieder ab, worauf nach einer Absenkung von etwa 2 cm die Pumpe von dem Schwimmer wieder eingeschaltet wird. Die gesamte Fallhöhe von etwa 3 m wird so auf weniger als 1 % konstant gehalten.

Forschungsberichte des Wirtschafts- und Verkehrsministeriums Nordrhein Westfalen

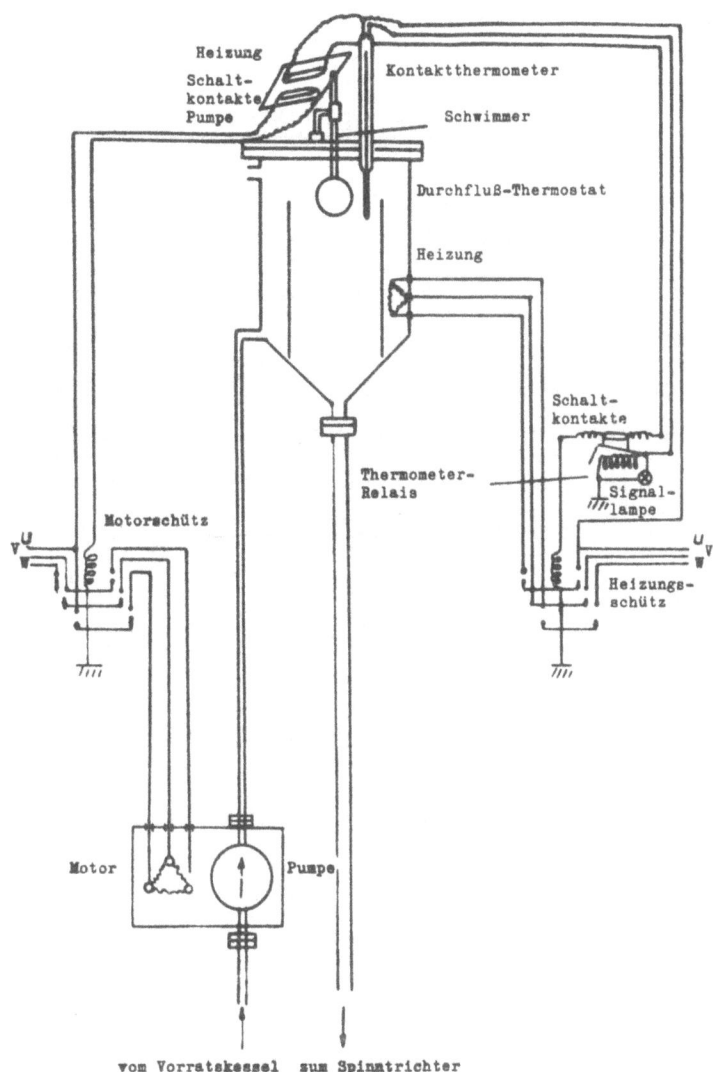

Abbildung 7
Durchflußthermostat mit Temperatur- und
Druckregelung in schematischer Darstellung

In dem Mantel des Durchflußthermostaten, in den das Spinnwasser eintritt, befinden sich 3 elektrische Heizkörper von einer Gesamtleistung von 2 kW. Die Regelung der Heizung geschieht mittels eines Kontaktthermometers, das von oben in den Mittelteil des Durchflußthermostaten hineinragt. Wenn die Temperatur das gewünschte Maß erreicht hat, wird über ein Relais der Schaltschütz für die elektrische Heizung herausgeworfen. Der Schwimmer betätigt außer dem Schaltkontakt für die Pumpe auch einen zweiten Schaltkontakt für die Heizung, so daß immer dann, wenn die Pumpe ausgeschaltet wird, so daß kein Wasser mehr in den Thermostaten hineinfließt, der Heizstrom gleichfalls unterbrochen wird. Auf diese Weise gelang es, die Temperatur des Spinnwassers auf 0,1 - 0,2°C konstant zu halten.

3. Der Spinntrichter

Ein Teil der Versuche wurde mit den normalen, betriebsüblichen Spinntrichtern durchgeführt, die von dem Werk Dormagen der Farbenfabriken Bayer zur Verfügung gestellt waren. Für die Versuche, bei denen die Fadenquerschnitte auf photographischem Wege gemessen werden mußten, waren diese Trichter mit rundem Querschnitt aber nicht brauchbar. Es wurden deshalb Versuchstrichter aus Plexiglas mit planparallelen Wänden benutzt, die die J.P. Bemberg A.G. uns freundlicherweise überließ. Abbildung 8 zeigt beide Trichterformen in schematischer Darstellung. Während bei den

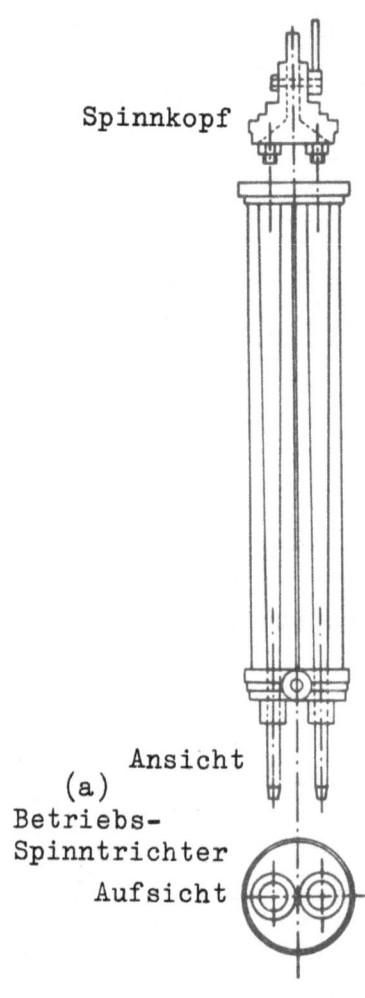

A b b i l d u n g 8a
Betriebstrichter in schematischer Darstellung

Betriebstrichtern das Wasser in den Mänteln aufsteigt, die die Spinntrichter umschließen, und durch Überlauf in allen Richtungen gleichmäßig oben in die Spinntrichter eintritt, mußte bei dem Versuchstrichter der Mantel vermieden werden. Aus diesem Grunde befindet sich an seinem oberen Ende ein zylindrisches Umlaufgefäß, aus dem das Wasser von den beiden Schmalseiten her in den Trichter eintreten kann. Auf die Trichter wird in ähnlicher Weise in beiden Fällen ein Spinnkopf aufgesetzt, der die Spinnbrause(n) trägt. Er ist mit Gummiringen gegen den Trichter abgedichtet, so daß nach dem Aufsetzen des Kopfes auf den gefüllten Trichter der Wasserspiegel nicht absinken kann und die Brausen stets in das Fällwasser hineinreichen.

Beim betriebsfähigen Spinnen wurden Spinndüsen vom Kunstseidebetrieb Dormagen der Farbenfabriken Bayer verwendet; wir benutzten solche mit je

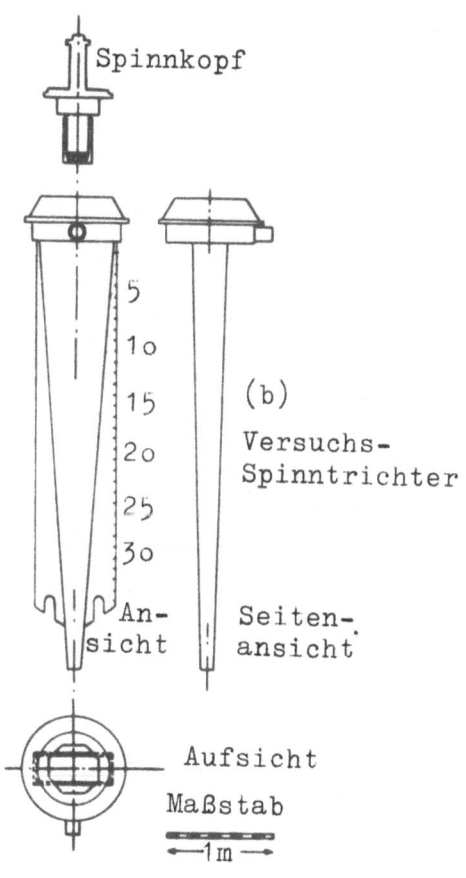

Abbildung 8b
Versuchstrichter in schematischer Darstellung

115 Löchern von 0,8 mm ⌀ in Nickelblech von ebenfalls 0,8 mm Stärke, erhielten also einen Faden mit einem Gesamttiter von 150 den. Für die Versuche fanden Spinndüsen mit nur 8 Löchern von 0,3 mm Bohrung Verwendung. Dabei wurden verschiedene Bodendicken verwendet, sowie verschiedenes Düsenmaterial. Die Versuchsdüsen mit den Bodendicken 0,15; 0,3 und 0,75 mm waren aus VA-Stahl gefertigt und wurden von der Degussa bezogen. Für die größeren Bodendicken 0,3 und 0,75 mm konnten auch Glasdüsen benutzt werden, die ebenso wie die Düsen mit den Bodendicken 1,5; 3,0 und 6,0 mm von der Fa. Aschenbrenner in Müllheim/Baden angefertigt und unentgeltlich zur Verfügung gestellt wurden.

Die Umlenkung der Fäden, die nach dem Austritt aus dem Trichter erfolgen muß, damit sie von dem Wasser getrennt werden, geschah mittels eines in Achatpfannen gelagerten leichten VA-Röllchens, das eine Reibungskraft von nur 10 mg am Umfang hatte und uns von der J.P. Bemberg A.G. leihweise überlassen wurde. Durch geeignete Stellung konnte diese Reibung durch die antreibende Wirkung des Wasserstrahles noch weiter verringert werden. Es war dadurch gewährleistet, daß die Abzugskraft praktisch ohne Verlust im Trichter wirksam war.

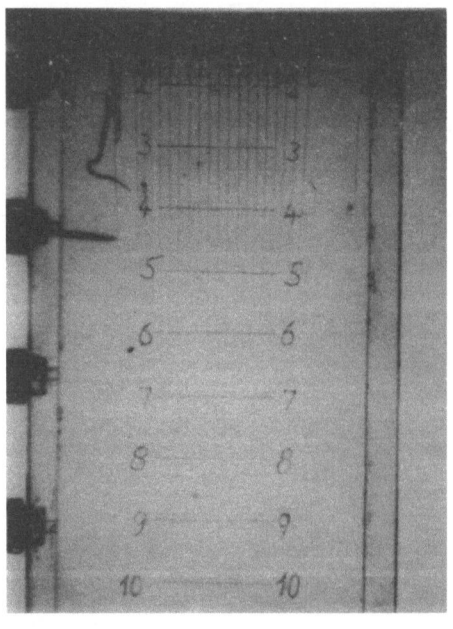

A b b i l d u n g 9

Photographie eines Fadenbündels aus 20 Fäden
unmittelbar unter der Brause im Maßstab 1 : 1

Forschungsberichte des Wirtschafts- und Verkehrsministeriums Nordrhein Westfalen

4. Die Photoeinrichtungen

Zur Bestimmung der Fadenquerschnitte in verschiedenen Abständen von der Brause wurden 2 verschiedene Photoeinrichtungen benutzt. Für den oberen dicken Teil der Fäden genügte eine Abbildung im Maßstab 1 : 1. Dazu wurde ein Photoapparat mit doppeltem Auszug verwendet, der auf einer Platte des Formates 9 x 12 die oberen 8 cm des Fadens auf einmal erfaßte. In Abbildung 9 ist eine derartige Photographie reproduziert. Die Belichtung geschah mittels eines gewöhnlichen Photoblitzes von 56 000 Lux, die Aufnahme mit Gelbscheibe und Perutz-Kontrastplatten. Die verwendeten Blenden f: 12 - 18 gewährleisteten bei den hier oben nur geringen Fadenbewegungen auch die nötige Tiefenschärfe. Für die im weiteren Verlauf des

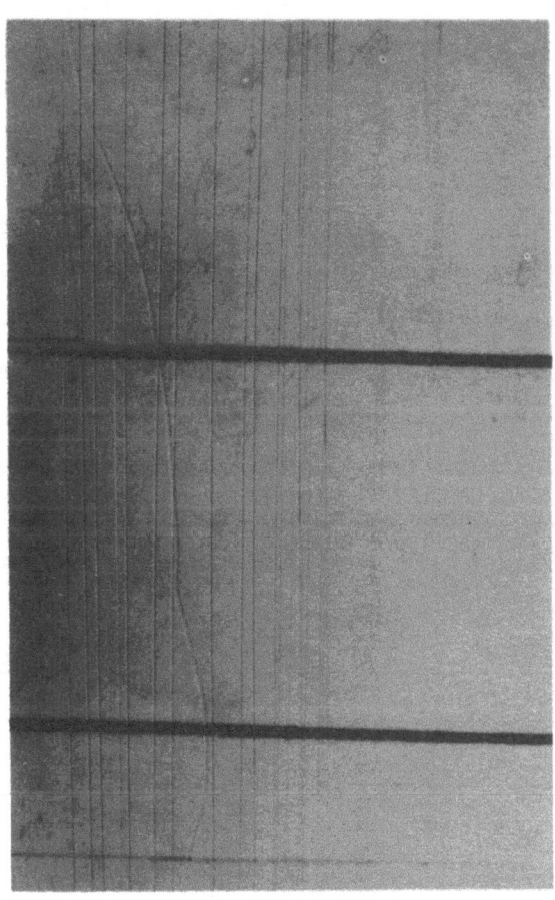

A b b i l d u n g 1o
Photographie eines Fadenbündels aus 2o Fäden
nahe dem Trichterende im Verhältnis 5 : 1

Forschungsberichte des Wirtschafts- und Verkehrsministeriums Nordrhein Westfalen

Trichters sehr dünnen Fäden mußte zu photographischen Aufnahmen gegriffen werden, die im Verhältnis 5 : 1 vergrößert waren. Dabei vergrößert sich entsprechend auch die Amplitude der Fadenbewegung, die dazu noch mit Annäherung an das Trichterende immer lebhafter wird. Das Problem der nötigen kurzen und intensiven Belichtung wurde mit einem Kondensatorfunkengerät gelöst, das ebenso wie die Photoeinrichtung selbst von der J.P. Bemberg A.G. zur Verfügung gestellt wurde. Wenn auch nicht alle, so waren doch stets eine genügende Anzahl von Fäden gleichzeitig scharf abgebildet, so daß die Messungen an verschiedenen Fäden kontrolliert werden konnten. Eine entsprechende Aufnahme ist in Abbildung 1o wiedergegeben. Der Maßstab ergibt sich aus den Abständen der mitphotographierten Zentimeterteilung. Die Funkenspannung betrug 1o.ooo Volt, die Energie 35o Joule.

5. Die Fertigstellung der Fäden

Der Blaufaden wurde über eine Glaswalze geführt, die mit einer der jeweiligen Abzugsgeschwindigkeit entsprechenden Umfangsgeschwindigkeit umlief und mit 6 %iger Schwefelsäure überspült wurde. Von dort gelangten die Fäden zum Haspel, dessen Drehzahl die Abzugsgeschwindigkeit bestimmt. Auch hier wurden sie noch mit Säure bespült, so daß die Entfernung des Kupfers vervollständigt wurde. Der Strang wurde dann in nassem Zustand vom Haspel abgenommen und nacheinander in einem Becherglas mit 6 %iger Schwefelsäure und mehrmals in destilliertem Wasser gewaschen, im letzten Becherglas auf 40°C erwärmt und dann in ein ebenso temperiertes Bad mit Persoftal-Präparationslösung gegeben. Nach halbstündiger Einwirkung wurde er dann herausgenommen und freihängend in Luft getrocknet.

C. Die Viskosität des entstehenden Fadens

1. Die Viskosität in der Brause

a) Die Form der Fließkurven

Die Viskositätszahl mißt die innere Reibung in der Flüssigkeit, die dann auftritt, wenn verschiedene Flüssigkeitsschichten mit verschiedener Geschwindigkeit übereinandergleiten. In einem zylindrischen Rohr sind diese Schichten koaxiale Zylinder; der äußerste Zylinder hat die Geschwindigkeit 0, der innerste die höchste Geschwindigkeit. Gemessen wird der Druck, der notwendig ist, um eine bestimmte Lösungsmenge in der Zeiteinheit durch das Rohr zu drücken. Dieser Druck bestimmt die Schubspannung S. Sie hat ihren höchsten Wert am Rande und berechnet sich dort in einem im Verhältnis zu seinem lichten Radius langen Rohr zu

$$S = p \cdot \frac{R}{2L} \quad dyn/cm^2$$

Dabei ist p der Druck in dyn/cm^2, 2R der Durchmesser des Rohres und L seine Länge, beide in cm. Für die Geschwindigkeitsdifferenz zwischen den einzelnen Schichten, das sogenannte Geschwindigkeitsgefälle, gilt dann

$$D = \frac{Q}{4 \pi R^3} \quad cm^{-1}$$

Dabei ist Q das sekundlich durch das Rohr hindurchtretende Flüssigkeitsvolumen, R wie oben sein lichter Radius.

Die gewöhnlichen Flüssigkeiten folgen dem von NEWTON aufgestellten Strömungsgesetz: Das Verhältnis von Schubspannung und Geschwindigkeitsgefälle ist konstant und gleich der Viskosität.

$$\eta = \frac{S}{D} \quad Poise$$

Die hochmolekularen Flüssigkeiten und Lösungen gehorchen dem NEWTON'schen Gesetz nicht. Bei ihnen ist die Viskosität mit der Schubspannung veränderlich. Da diese aber über den Strömungsquerschnitt variiert, führt die Berechnung nach der vorstehenden Formel nur zu einer durchschnittlichen sog. "scheinbaren Viskosität", die nun für eine gegebene Lösung und Düse nicht konstant, sondern von dem Druck und damit von dem Schubspannungswert am Rande abhängig ist. Nimmt sie mit wachsendem Druck ab, so spricht man von einer strukturviskosen Flüssigkeit und macht die Ausrichtung der langen Moleküle im Strömungsgefälle dafür verantwortlich. Während das NEWTON'sche Gesetz also durch eine horizontale Gerade dargestellt wird, wenn man die Viskosität in Abhängigkeit von der Schubspannung aufträgt, ergibt sich bei einer strukturviskosen Flüssigkeit eine abfallende Kurve (Abbildung 11).

Der Anfangspunkt η_0 dieser sog. Fließkurve bei der Schubspannung Null entspricht der sog. statischen Viskosität, wie sie bei einer ganz langsamen Bewegung gemessen wird. Man benutzt dazu einen leichten kugelförmigen Fallkörper, an dessen Stiel 2 Marken angebracht sind. Die Zeit, die vom Eintauchen der unteren bis zum Eintauchen der oberen Marke in die Flüssigkeitsoberfläche vergeht, stellt dann ein relatives Maß für die Viskosität dar. Die Eichung dieses Fall-Viskosimeters muß mit Flüssigkeiten mit bekannten Viskositäten erfolgen.

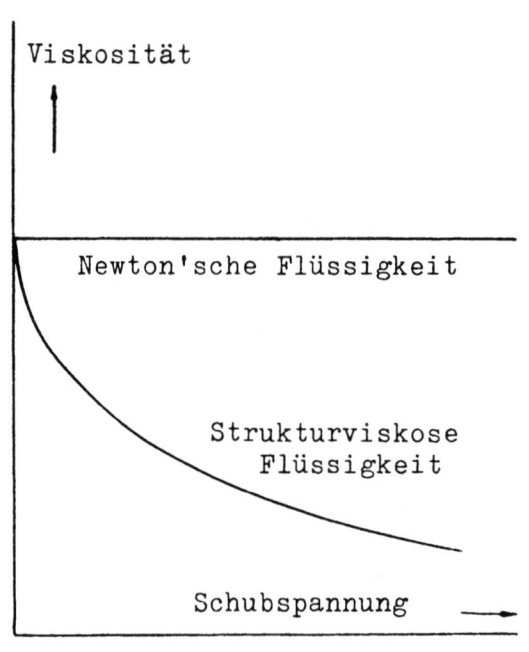

Abbildung 11

Fließkurven für eine NEWTON'sche und eine strukturviskose Flüssigkeit (schematisch)

Bei sehr großen Schubspannungen stellt sich dann ein konstanter, wesentlich kleinerer Endwert $\eta\infty$ der Viskosität ein, der der vollständigen Parallelorientierung der Kettenmoleküle zur Strömungsrichtung entspricht. In Abbildung 12 ist die Fließkurve einer Kupferoxydammoniak-Spinnlösung bei 20°C wiedergegeben. Ihr Anfangswert wurde statisch zu 2 000 Poise bestimmt. Dieser Wert charakterisiert den mittleren Polymerisationsgrad der Lösung. Der Verlauf der Fließkurve dagegen wird durch die Verteilung des Polymerisationsgrades bestimmt. Er hängt also davon ab, in welchem Prozentsatz Molekülketten mit verschiedener Länge vertreten sind.

Unseren Versuchen mit dem Abzug 24 m/min entspricht nach der oben angegebenen Formel ein Fördervolumen

$$Q'_L = 1{,}27 \cdot 10^{-3} \cdot 24 \text{ cm}^3/\text{min}$$
$$= 0{,}0305 \text{ cm}^3/\text{min} = 0{,}000508 \text{ cm}^3/\text{sec}$$

pro Brausenloch und damit ein Geschwindigkeitsgefälle vom Betrage

$$D = \frac{Q'_L}{4\pi \cdot R^3} = 192 \text{ cm}^{-1}$$

in den 0,3 mm weiten Bohrungen unserer Versuchsdüsen. Wir finden die zugehörige Viskosität aus der Fließkurve der Abb. 12 als Schnittpunkt mit der eingezeichneten Nullpunktgeraden

$$D = \frac{S}{\eta'} = \text{const} = 192 \text{ cm}^{-1}$$

Daraus ergibt sich η' zu 226 Poise bei 20°C oder (mit dem Temperaturkoeffizienten von $-2{,}85$ % pro Grad) $\eta' = 162$ Poise bei der Spinntemperatur 30°C.

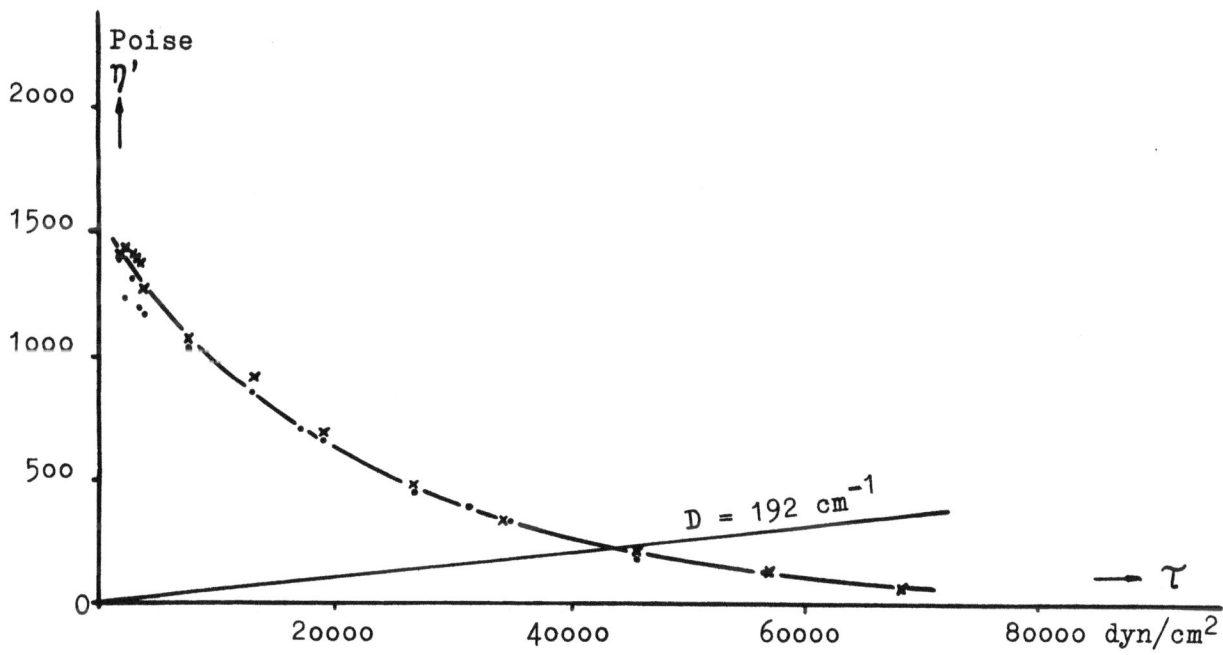

Abbildung 12

Fließkurve einer Cuoxam-Spinnlösung

b) Elastischer und viskoser Anteil

Es wird sich nun zeigen, daß die in den relativ kurzen Düsen ($L/R < 10$) gefundenen scheinbaren Viskositäten wesentlich größer ausfallen als in der Kapillare, doch nähern sie sich bei zunehmender Länge ($L/R = 40$) diesen Werten merklich an. Das rührt daher, daß dann, wenn man ein Material mechanischen Spannungen unterwirft, zwei Reaktionen möglich sind. Erstens entstehen innere Spannungen, die nach dem Wegfall der äußeren den anfänglichen Zustand exakt wieder herstellen (ideale Elastizität), zweitens aber kann durch die Wirkung der äußeren Spannungen ein Fließen auftreten, bei dem die Energie in Wärme verwandelt wird (ideale Viskosität). Diese beiden Grenzfälle, idealer Festkörper und idealviskose Flüssigkeit, sind jedoch meist nicht realisierbar. Die Körper verhalten sich im allgemeinen nicht elastisch _oder_ viskos, sondern elastisch _und_ viskos. Welche von diesen beiden Erscheinungen das Übergewicht hat, das hängt von dem zeitlichen Verlauf der Beanspruchung ab; es geht also eine für das Material kritische Zeit ein, die Relaxationszeit genannt wird. Für Beanspruchungen, die schnell gegenüber dieser Relaxationszeit verlaufen, verhält der Körper sich elastisch, im anderen Falle dagegen viskos. Um eine gewöhnliche Flüssigkeit als einen elastischen Körper erscheinen zu lassen, müßte man aber mit so kurzen Beanspruchungen experimentieren, wie sie sich kaum realisieren lassen. Ausnahmen sind z.B. Explosionen, die unter Wasser vor sich gehen; hier verhält sich die Flüssigkeit wie ein fester Körper. Für einen normalen Festkörper umgekehrt müßte man über Zeiten beobachten, die mit kosmischen Zeiten vergleichbar sind, um ihn als Flüssigkeit ansehen zu können. In diesen beiden Grenzfällen besitzen die materialeigenen Zeitkonstanten also extreme Werte. Bei hochpolymeren Substanzen und bei Gläsern in der Nähe des Erweichungsintervalles aber liegen die materialeigenen Zeiten in der Größenordnung der gewöhnlichen Experimentierzeiten. In diesen Fällen ist die elastoviskose Betrachtungsweise angebracht. MAXWELL hat schon im Jahre 1867 eine Darstellung gegeben, die die viskose und die elastische Darstellungsweise verknüpft. Danach setzt sich der totale zeitliche Spannungsanstieg aus der elastischen Reaktion der Materie auf die Verformung und aus der laufenden Abklingung der elastischen Aufladung durch Relaxation zusammen. Es gilt

$$\frac{dS}{dt} = G \cdot D - \tau \cdot \eta$$

Dabei bedeutet S die Schubspannung, $D = \frac{dv}{dy}$ das Geschwindigkeitsgefälle senkrecht zur Strömung, G den Schubmodul (Torsionsmodul im Fall der festen Körper) und τ die Relaxationszeit. Ein Fließvorgang resultiert dann, wenn die elastische Aufladung im Vergleich zur Relaxation genügend langsam erfolgt. Zu der viskosen Beziehung $\eta = \frac{S}{D}$ tritt also noch die Relaxationsgleichung $\eta = G \cdot \tau$ hinzu. Dadurch wird also die Zeit als explizite Größe in den Strömungsvorgang eingeführt. Bei Beanspruchzeiten, die groß sind gegenüber der Relaxationszeit, folgt ein rein viskoses Verhalten, im umgekehrten Falle ein rein elastisches. Im letzteren Falle findet die Beanspruchung so rasch statt, daß eine merkliche Relaxation nicht eintreten kann. Daher benimmt sich jede Flüssigkeit bei einem ausreichend kurzen Stoß wie ein fester elastischer Körper.

c) Versuchsanordnung

Die Bestimmung der Viskosität erfordert nach obigem eine Messung der Durchflußmenge zur Berechnung des Geschwindigkeitsgefälles und eine Druckmessung zur Ermittlung der Schubspannung. Die Durchflußmenge wird durch die Drehzahl der Spinnpumpe bestimmt.

Um weiter die Schubspannung zu messen, die auftritt, wenn die Menge durch die Düse gefördert wird, muß der Druck, unter dem die Lösung am Eingang der Düse steht, auf ein Anzeigegerät übertragen werden. Wir benutzten dazu zunächst eine Druckmeßdose, wie sie uns von dem Bayerwerk Leverkusen zur Verfügung gestellt wurde. Sie ist in Abbildung 13 schematisch wiedergegeben.

Der Druck der Spinnlösung wirkt auf eine Gummimembran, die auf der anderen Seite unter dem mit einem Quecksilbermanometer meßbaren Druck einer Druckluftleitung steht. Dadurch wird die Gummimembran in ihre Ausgangslage zurückgedrückt und sobald diese erreicht ist, durch einen an der Membran angebrachten Stift ein Luftaustrittsventil freigegeben. Der Druck sinkt wieder, die Membran beult sich wieder etwas aus, so daß das Ventil wieder geschlossen wird. Der Luftdruck steigt dann wieder, bewegt die Membran zurück, öffnet das Ventil, und so wird die Membran automatisch in ihrer Gleichgewichtslage gehalten. Das Druckluftmanometer zeigt dann den Kompensationsdruck an, der praktisch gleich dem Druck der Spinnlösung ist. Die beigegebene Eichkurve gibt die genaue Beziehung zwischen

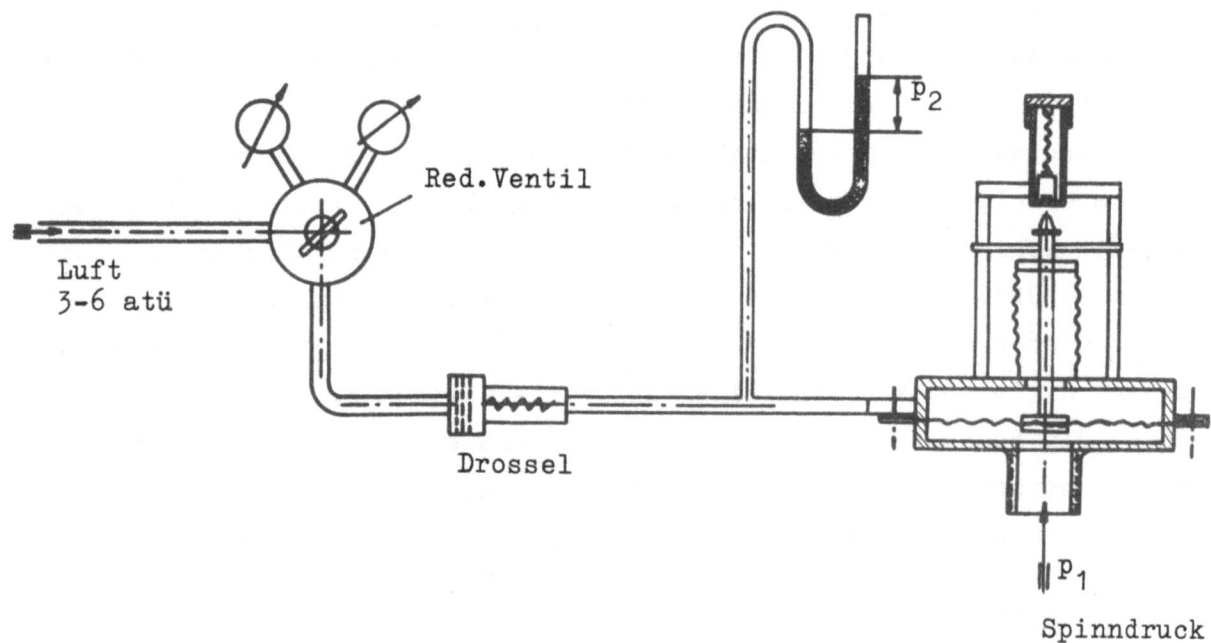

Abbildung 13
Schematische Darstellung der pneumatischen Kompensationsdose
zur Druckmessung (nach Dipl.-Ing. WEISS)

dem Kompensationsdruck und dem zu messenden Druck der Spinnlösung an (Abbildung 14). Die Dose arbeitete wohl einwandfrei, doch hatte sie eine unerwünscht lange Einstellzeit, weil ihr Hubvolumen im Vergleich zu den im Versuch auftretenden Fördermengen von nur 0,25 cm^3/min zu groß war. Man mußte deshalb sehr lange warten, um sicher zu sein, daß der Lösungsdruck sich richtig eingestellt hatte. Kontrollierbar war das letzten Endes überhaupt erst durch die Feststellung, ob der gesponnene Faden auch den richtigen Titer hatte. Wir sind deshalb zu Druckmessern mittels Zeigermanometern übergegangen, deren System mit einer inkompressiblen Flüssigkeit gefüllt wurde. Diese Flüssigkeit steht durch eine Gummimembran mit der Spinnlösung in Kontakt, die Volumenänderung mit dem Druck ist verschwindend und die Einstellzeit klein. Mit Hilfe von zwei wahlweise eingeschalteten Manometern konnte ein Druckbereich von 0, 1 - 2 atü gemessen werden. Abbildung 15 gibt die Eichkurve der verwendeten Manometer wieder. Die auf diese Weise bestimmten Drucke sind noch bezüglich der Höhenlage der Druckmembran über der Spinnbrause zu korrigieren und ebenso bezüglich der Wassersäule, die im Trichter unter der Brause hängt. Da beide Längen sich addieren, braucht nur die Höhe der Druckmembran

Forschungsberichte des Wirtschafts- und Verkehrsministeriums Nordrhein Westfalen

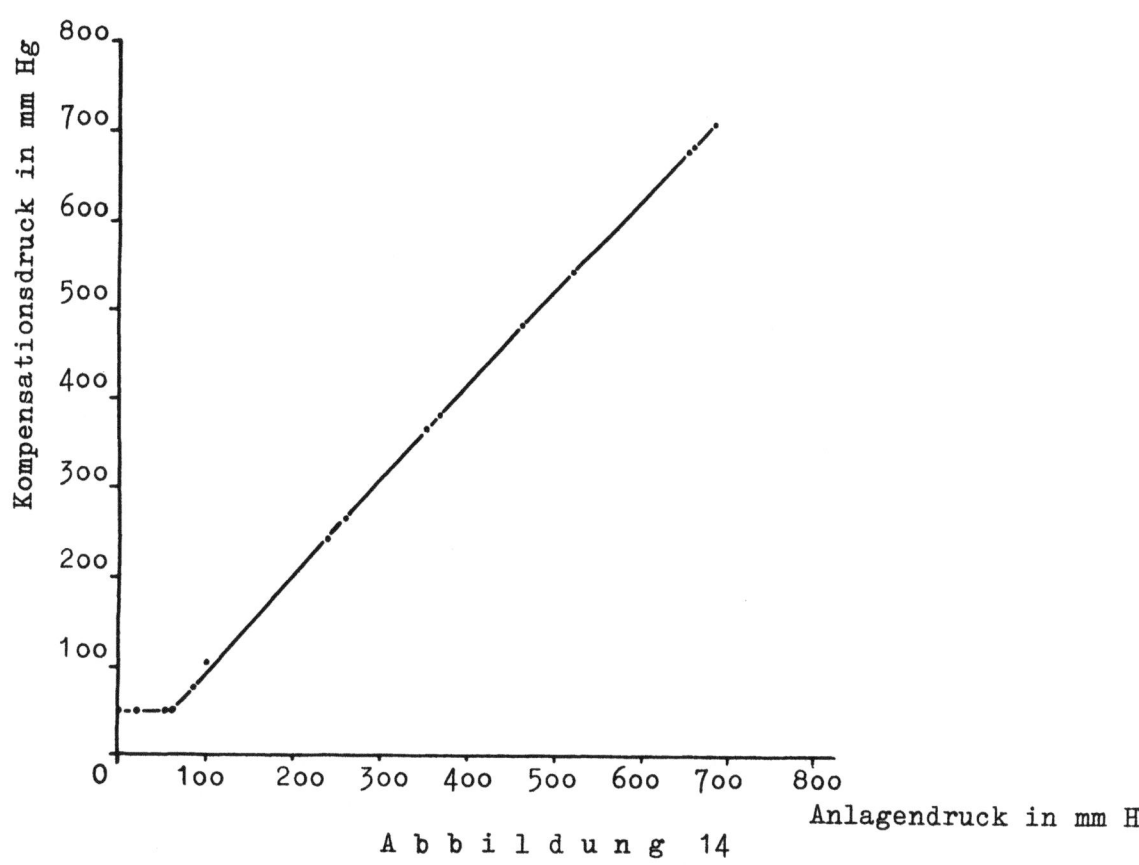

Abbildung 14

Eichkurve der pneumatischen Druckmeßdose

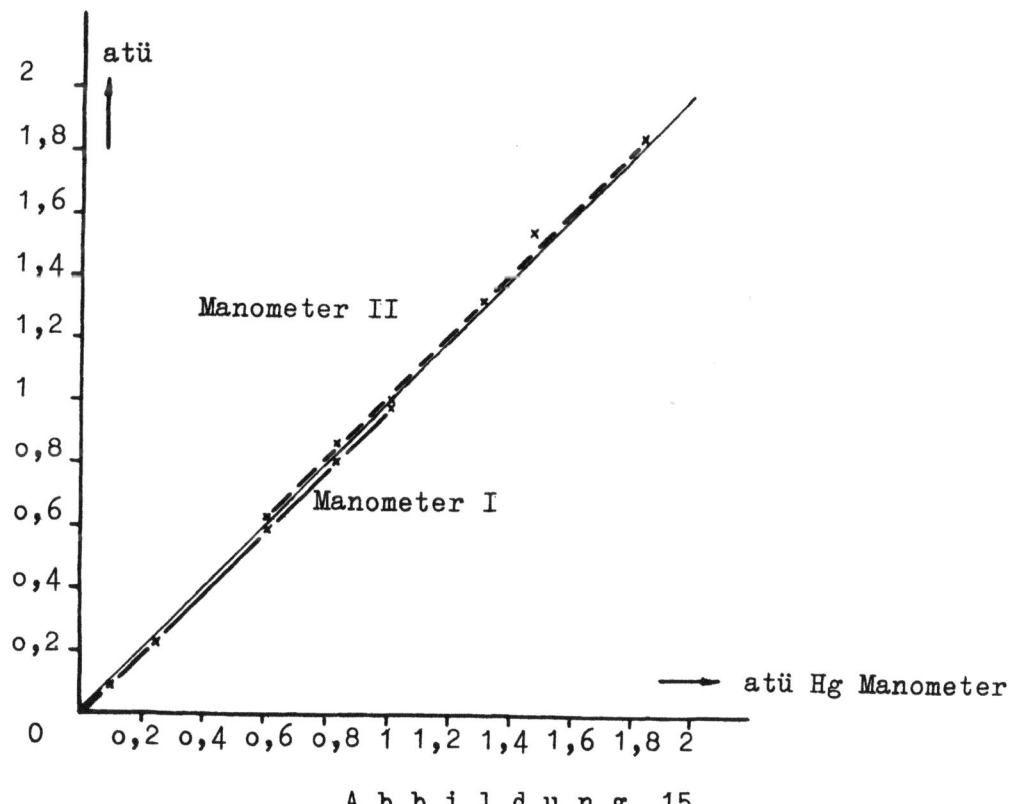

Abbildung 15

Eichkurve der Federmanometer

über dem Ausgang des Trichters gemessen zu werden. Bei den kleinen Beträgen der Korrektur kann für beide Flüssigkeitssäulen unbedenklich mit dem spez. Gewicht des Wassers (anstelle von 1,06 für die Lösung) gerechnet werden.

Auf diese Weise wird bei jedem Spinnen zugleich das elasto-viskose Verhalten der Spinnlösung in den Spinndüsen und sein etwaiger Einfluß auf die Faserstruktur erfaßbar. Anders aber könnte man nicht vorgehen, weil man selbst dann, wenn Lösungen mit gleichen statischen Viskositäten vorliegen, nicht dasselbe viskose oder gar elastische Verhalten erwarten kann. Denn Lösungen mit gleicher statischer Viskosität können durchaus verschiedene polymere Verteilungen besitzen, von denen sowohl das viskose als auch im besonderen das elastische Verhalten empfindlich abhängt.

d) Versuchsergebnisse

Zunächst wurde der Einfluß der Düsenabmessungen und des Düsenmaterials auf die scheinbare Viskosität der Lösung in der Düse untersucht. Zur Verwendung kamen 8 Spinndüsen, die je 8 Löcher mit einer Bohrung von 0,3 mm ⌀ enthielten. Die Düsenlängen waren 0,15; 0,30 und 0,75 mm in VA-Stahl, sowie 0,30; 0,75; 1,5; 3,0 und 6,0 mm in Glas. Tabelle 3 zeigt die Ergebnisse für einige dieser Versuchsreihen. Die scheinbaren Viskositäten der Lösungen I und II stimmen bei allen Düsen jeweils praktisch überein. Die Lösung III zeigt dagegen bei den kurzen Düsen sehr viel kleinere Werte, während bei den langen Düsen dieselben Werte wie bei I und II beobachtet wurden. Die Kurve, die die scheinbare Viskosität in Abhängigkeit von der Düsenlänge L bzw. der in allen Fällen gleichen Düsenwerte R wegen auch vom Verhältnis L/R darstellt, ist für die Lösungen I und II in Abbildung 16 wiedergegeben.

Dabei fällt zunächst auf, daß je nach dem Düsenmaterial, VA-Stahl oder Glas, zwei verschiedene Kurven erhalten werden. Die gleiche Lösung hat in den Düsen gleicher Abmessung also eine um rund 10 % höhere Viskosität, wenn diese aus Glas statt aus VA-Stahl bestehen. Es muß sich dabei um eine verschiedene Wechselwirkung der Kupferoxydammoniak-Zellulose-lösung mit VA-Stahl oder Glas handeln.

Bei Viskoselösungen ist ein solcher Einfluß des Materials bereits bekannt. Er liegt dort aber umgekehrt. Viskose zeigt in Glasdüsen eine kleinere

Forschungsberichte des Wirtschafts- und Verkehrsministeriums Nordrhein Westfalen

Tabelle 3

Die scheinbare Viskosität der Spinnlösung in verschiedenen Düsen

Spinndüse L mm	Verh. L/R	Lösung I 30°C	Lösung II 30°C	Lösung III 35°C
Statische Viskosität		1770	1700	1920
VA-Düsen				
0,15	1	755	751	548
0,30	2	477	470	372
0,75	5	321	323	290
Glasdüsen				
0,30	2	535	523	-
0,75	5	354	350	326
1,50	10	301	301	260
3,00	20	258	253	253
6,00	40	217	225	216
Kapillare		162	-	-

Viskosität als in Düsen aus Metall. Unser Effekt konnte jedoch unbedingt sichergestellt werden, nachdem wir durch das Entgegenkommen der Fa. Aschenbrenner in den Abmessungen L = 0,30 und 0,75 mm, bzw. L/R = 2 und 5 sowohl über VA- als auch über Glasdüsen verfügten. Auch im Falle III ist das Verhältnis dasselbe. Hier konnte zwar nur die 0,75 mm Glasdüse gemessen werden, weil die dünneren unterdessen zerstört waren. Mit 326 Poise für Glas und 290 für Metall ist der relative Unterschied auch hier + 12 %.

Übereinstimmend aber zeigen die Kurven der Abbildung 16 für die Metalldüsen sowohl als auch für die Glasdüsen eine Abnahme der scheinbaren Viskosität mit zunehmender Düsenlänge L bzw. zunehmendem Verhältnis L/R. Bei der Lösung III würde die Fließkurve in dem ersten Teil wesentlich steiler verlaufen, denn ihre statische Viskosität liegt höher und der scheinbare Viskositätswert für die Düse L/R = 1 niedriger als die Kurven für die Lösungen I und II. Der restliche Abfall bis L/R = 40 ist dann flacher, so daß auch hier praktisch derselbe Endwert erreicht wird. Dieser Endwert entspricht, wie wir oben sahen, dem Punkte der in einer Kapillare (L/R = ∞)

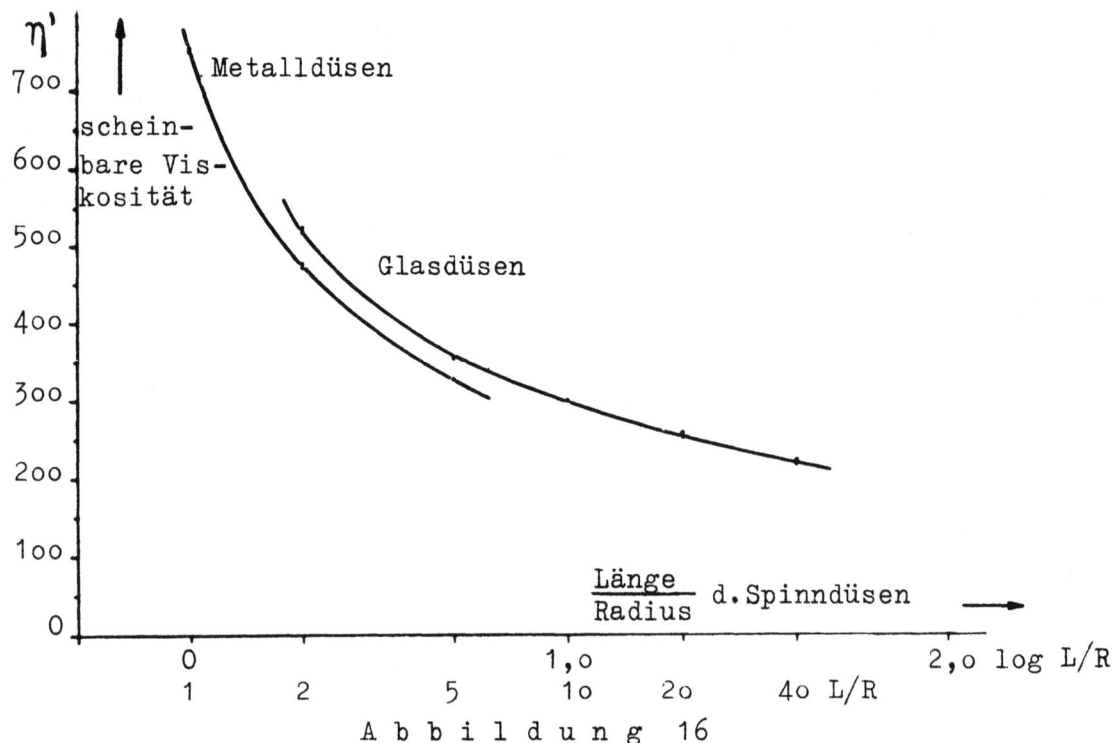

Abbildung 16

Scheinbare Viskosität einer Spinnlösung in Abhängigkeit
von den Abmessungen und dem Material der Spinndüsen

aufgenommenen Fließkurve für das Geschwindigkeitsgefälle unserer Versuche von $D = 192 \text{ cm}^{-1}$. Die Meßreihe I wurde mit derselben Lösung ausgeführt, deren Fließkurve in Abbildung 12 dargestellt ist. Der Kapillarwert der Viskosität ist deshalb in der Tabelle 3 mit aufgenommen worden.

In der Zunahme der scheinbaren Viskositäten in kürzeren Düsen äußert sich einmal die unvollständigere Orientierung der Zelluloseketten zur Strömungsrichtung, zum anderen aber auch ein elastischer Effekt; denn mit abnehmender Düsenlänge nimmt die Zeit ab, während der die Lösung in der Düse verweilt, so daß die beim Einlaufen der Lösung in die Düse erzwungene elastische Verformung der Lösungsstruktur bis zum Austritt der Lösung aus der Düse noch nicht vollständig abgeklungen ist. Diese elastische Spannung, mit der die Lösung die kurze Düse noch verläßt, wird kenntlich durch eine Aufweitung des Fadens nach dem Austritt aus der Düse. Wir kommen auf diese Erscheinung noch zurück. Mit wachsender Düsenlänge L bzw. wachsendem Verhältnis L/R tritt der die scheinbare Viskosität vergrößernde Einfluß der Einlaufströmung mehr und mehr zurück. Die Meßpunkte verschieben sich dann längs der in Abbildung 12 eingezeichneten Geraden für $D = 192$ cm^{-1} auf die für die Kapillare mit ihrem sehr großen Verhältnis L/R gültige Fließkurve zu. Durch jeden Punkt hat man sich dann die den zugehörigen L/R-Werten entsprechenden Fließkurven zu denken, die ihrem Charakter nach der Kapillarkurve ähnlich sind.

Ähnliche Veränderungen der zeitlichen Bedingungen wie durch die Variation der Düsenlänge erhält man mit derselben Düse, wenn die Durchsatzmenge der Lösung verändert wird. Um den gleichen Titer der Fäden zu erhalten, wurde dabei die Abzugsgeschwindigkeit entsprechend erhöht. Es wurde gegenüber einem Abzug von 24 m bei den vorigen Versuchen hier auch mit den Abzügen von 48 und 72 m, d.h. auch mit der zwei- und dreifachen minutlichen Lösungsmenge gearbeitet. Die Ergebnisse sind nach Art der Abbildung 12 in der Abbildung 17 dargestellt. Die Messungen wurden für die VA-Düse mit 0,3 mm Länge und die Glasdüse mit 3,0 mm durchgeführt, und es werden den 3 Abzügen entsprechend je 3 Meßpunkte erhalten, durch die die Fließkurven der beiden Düsen gelegt werden können. Die scheinbaren Viskositäten fallen mit wachsender Abzugsgeschwindigkeit, dem größeren Durchsatz und dem damit vergrößerten Geschwindigkeitsgefälle entsprechend ab; die Strömungsorientierung nimmt also zu (Zahlenwerte s. Tabelle 5).

Die in der kurzen Metalldüse gemessenen Werte liegen aber stets über den in der langen Glasdüse auftretenden, weil die zur elastischen Verformung der Lösung beim Einlauf aufgewendete Energie in der kurzen Düse nur zu einem kleineren Teil zurückgewonnen wird.

Zur Kennzeichnung des elastischen Verhaltens der Spinnlösung wurde schließlich die Erscheinung der Aufweitung der Fäden nach dem Austritt der Spinnlösung aus der Brause mittels photographischer Aufnahmen direkt verfolgt. Abbildung 18a und b zeigt solche Photographien für die Spinndüsen mit 0,15 (Metall) und 6,00 mm Länge (Glas), L/R = 1 bzw. 40. Die mit der nur 0,15 mm langen Düse gesponnenen Fäden (a) sind trotz gleicher Düsenbohrung auf den ersten 8 cm wesentlich dicker als die aus der 6 mm langen Düse austretenden (b). Hierin wird die größere Aufweitung und damit die höhere innere Spannung, mit der die Spinnlösung die kürzere Düse verläßt, unmittelbar sichtbar.

Die Aufweitungen werden als prozentuale Vergrößerungen des maximalen Fadenquerschnittes im Vergleich zu dem Querschnitt des Brausenloches gemessen. Sie sind in Abbildung 19 gegen die Verweilzeit der Lösung in der

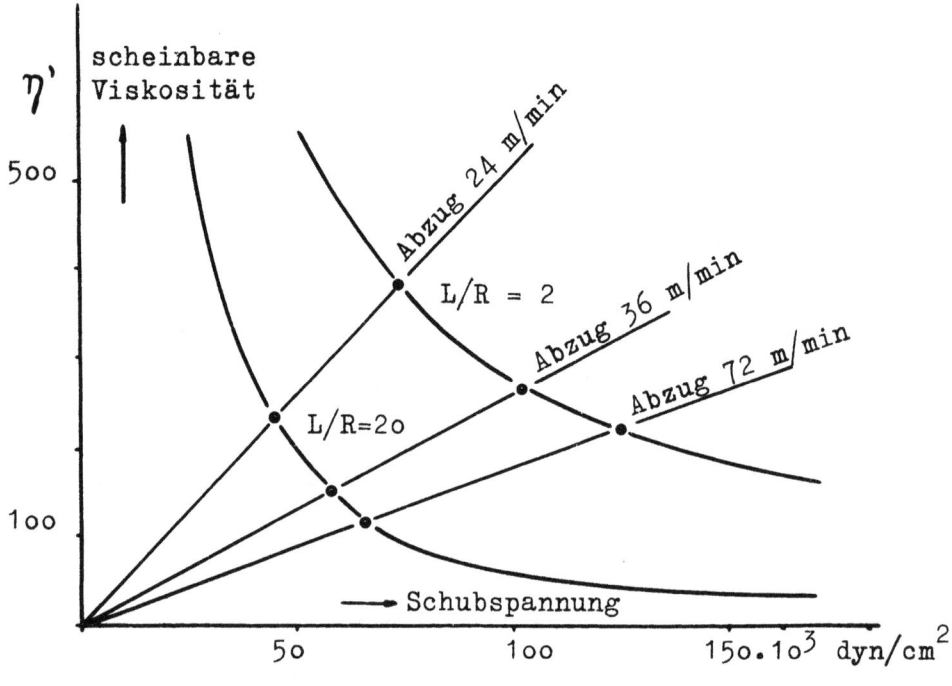

Abbildung 17

Fließkurven einer Cuoxam-Spinnlösung für 2 verschiedene Spinndüsen

Düse aufgetragen; diese Verweilzeiten werden mittels Division des Volumens der Düsenbohrungen ($L \cdot R^2 \pi$ mm^3) durch die Fördermenge der Lösung (Q'_L mm^3/sec) erhalten. Der Düsenquerschnitt war in allen Fällen der gleiche, und so lange der Abzug unverändert war, auch die Fördermenge der Lösung. Unter diesen Umständen sind die Durchflußzeiten den Düsenlängen proportional. Sie liegen bei unseren Düsen zwischen 0,2 und $83 \cdot 10^{-2}$ sec. Die Aufweitung und mit ihr die restliche, vom Einlauf herrührende elastische Spannung in der Lösung geht mit wachsender Düsenlänge oder Verweilzeit so stark zurück, daß der Zeitmaßstab logarithmisch aufgesetzt werden mußte.

Bei dieser Auftragung stellt sich der Zusammenhang zwischen der Aufweitung und der Verweilzeit als gerade Linie dar. Entsprechend der Fehlermöglichkeiten der photographischen Messungen der Fadendurchmesser zeigen die Meßwerte für verschiedene Meßreihen eine größere Streuung, die in der Abbildung durch Eintragung sämtlicher Meßpunkte sichtbar gemacht worden ist. Innerhalb der Grenzen dieser Fehler ist der Zusammenhang aber nicht nur linear, sondern es ergeben sich auch für Metall- und Glasdüse zwei Gerade mit verschiedener Neigung. Die Neigung der Geraden ist ein Maß

Forschungsberichte des Wirtschafts- und Verkehrsministeriums Nordrhein Westfalen

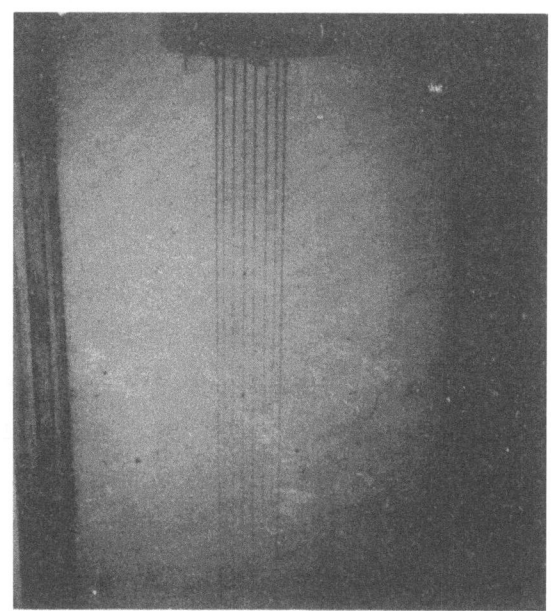

Abbildung 18
Fadenphotographien
a) Metalldüse L = 0,15 mm L/R = 1   b) Glasdüse L = 6,00 mm L/R = 40

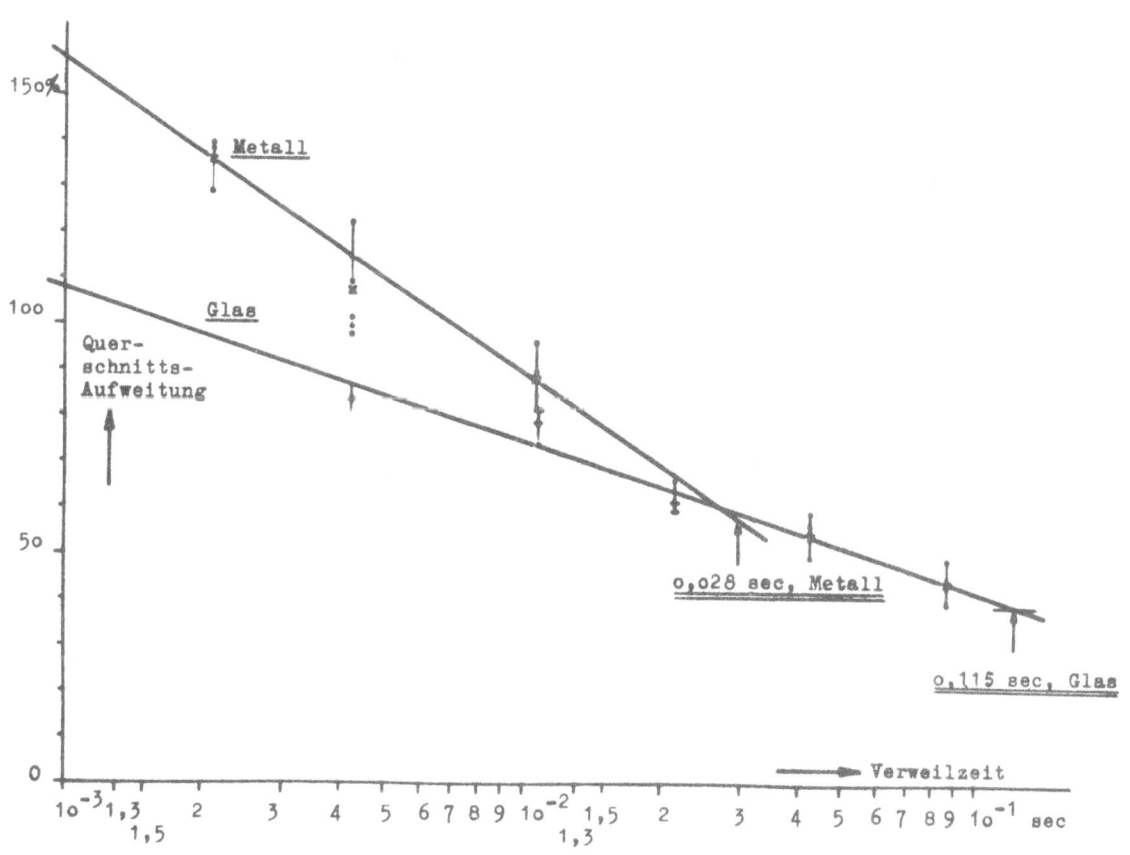

Abbildung 19
Fadenaufweitungen in Abhängigkeit von den
Abmessungen und dem Material der Spinndüsen

für die Geschwindigkeit des Rückganges der elastischen Spannungen. Die Zeit, in der diese Spannungen auf den e^{ten} Teil zurückgegangen sind, ist definitionsgemäß die oben bereits besprochene Relaxationszeit. Auf diese Weise ergab sich für ein und dieselbe Spinnlösung für die Metalldüsen die Relaxationszeit 0,03 sec, für die Glasdüsen 0,12 sec. Während bei gewöhnlichen Flüssigkeiten diese Zeiten in der Größenordnung von 10^{-6} bis 10^{-8} sec liegen, treten hier also, bedingt durch die große Zähigkeit der Spinnlösung, erheblich längere Zeiten auf. Sie sind auch größer als die Relaxationszeiten anderer hochpolymerer Spinnlösungen. Eine Lösung von Acetylcellulose in Aceton hat nach ähnlichen Messungen von Dr. BRENSCHEDE eine Relaxationszeit von 0,002 sec, die Lösung von Polyacrylnitril in Dimethylformamid 0,01 sec. Der Einfluß des Düsenmaterials auf die Relaxationszeit der Cuoxamlösung steht in Parallele zu dem oben besprochenen Befund, daß auch die Viskosität der Cuoxamlösung in einer Glasdüse etwas höher ist als in einer Metalldüse gleicher Abmessung. Beides deutet darauf hin, daß die Außenschichten der Strömung für die Erzeugung der Viskosität wie der Relaxation maßgebend sind, und das ist auch nicht weiter verwunderlich, weil dort die größten Schubspannungen auftreten. Wenn man also daran interessiert ist, die Fadenaufweitungen hinter der Düse zu vermeiden, so sind dazu relativ lange Düsen notwendig; es gelingt aber bei Metalldüsen schon bei kleineren Längen als bei Glasdüsen.

Ein interessanter Zusammenhang ergibt sich auch, wenn man die Aufweitung gegen die viskose Strömungsorientierung aufträgt. Diese erreicht ihr Maximum bei dem dem gegebenen Geschwindigkeitsgefälle entsprechenden Kapillarwert der scheinbaren Viskosität, der nach den Fließkurven der Cuoxamlösung I 226 Poise bei $20°C$ und unter Berücksichtigung des Temperatur-Koeffizienten 162 Poise bei $30°C$ beträgt. In Abbildung 20 ist die Viskosität als Abszisse so aufgetragen, daß die kleineren Viskositäten rechts liegen, daß also die Strömungsorientierung mit zunehmender Abszisse zunimmt. Der Bereich wird eingegrenzt durch die statische Viskosität η_o = 1770 Poise und die Kapillarviskosität von 162 Poise bei dem im Versuch herrschenden Geschwindigkeitsgefälle von 192 cm^{-1}.

Wieder ergeben sich zwei getrennte Kurven für die Metalldüsen und die Glasdüsen. Bei kleinen Viskositäten oder hohen Strömungsorientierungen nähern sich beide Kurven aber an und werden bei reiner Strömungsorientierung, d.h. bei der scheinbaren Viskosität 162 Poise, beide Null.

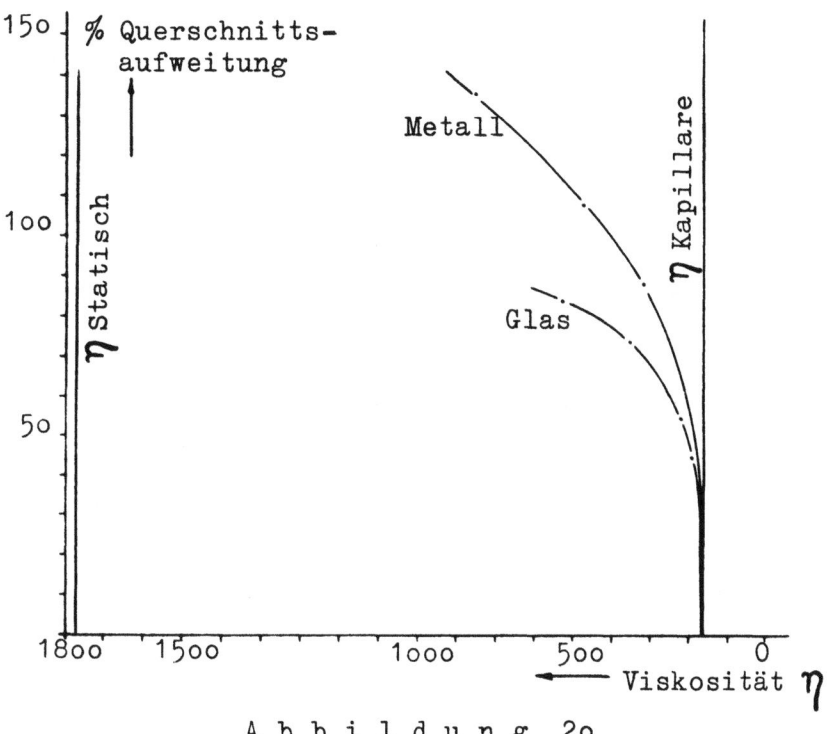

Abbildung 20

Fadenaufweitung in Abhängigkeit von der erreichten Strömungsorientierung

Daraus geht hervor, daß die Aufweitung nur von den elastischen Spannungen herrührt, die am Düseneinlauf erzeugt wurden, während die viskose Strömungsorientierung zu der Aufweitung nicht beiträgt. Zumindest also hat die viskose Strömungsorientierung eine sehr viel größere Relaxationszeit als die von der elastischen Einlaufdeformation herrührende.

2. Die Viskosität des Fadens im Trichter

a) Die Methode von TROUTON und ihre Übertragung auf den spinnenden Faden

Zur Bestimmung der Viskosität an verschiedenen Stellen des Fadens im Trichter benutzt man nach dem Vorgang von BOZZA und ELSAESSER eine dem TROUTON'schen Zugversuch entsprechende Methode. TROUTON belastet einen zylindrischen Stab aus hochviskosem Material von der Länge l und dem Querschnitt q und mißt die zeitliche Zunahme dl/dt seiner Länge (Abbildung 21). Die Viskosität berechnet sich dann zu

$$\eta = \frac{1}{3} \cdot \frac{f}{q} \cdot \frac{1}{dl/dt} = \frac{1}{3} \cdot \frac{\sigma \cdot l}{dl/dt}$$

wobei f die ausgeübte Zugkraft und $\sigma = f/q$ die ausgeübte Zugspannung

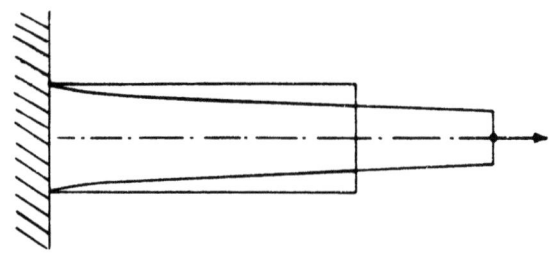

Abbildung 21
TROUTON'scher Zugversuch (schematisch)

bedeuten. Überträgt man diese Rechnung auf die Verhältnisse beim Spinnen, so tritt an die Stelle der zeitlichen Längenänderung jetzt die Geschwindigkeitszunahme oder die Beschleunigung des Fadens und man erhält so

$$\eta = \frac{1}{3} \cdot \frac{\sigma}{dv/dx}$$

mit σ Zugspannung, v Fadengeschwindigkeit und x Entfernung von der Brause.

Wenn die Übertragung der Verhältnisse von dem TROUTON'schen Zugversuch auf den Faden beim Streckspinnverfahren berechtigt ist, so stellt diese Gleichung zugleich den Zusammenhang zwischen Viskosität, Zugspannung und Fadenbeschleunigung im Spinntrichter dar. Aber wenn das auch nicht ganz korrekt ist, liefert die Methode in der Anwendung auf den Faden doch eine Kennzahl, die dann zwar nichts mehr mit der Viskosität selbst zu tun hat, aber doch geeignet ist, den Koagulationszustand des Fadens zu charakterisieren. Man erhält auf diese Weise die in Abbildung 22 wiedergebenen Verfestigungskurven des Fadens, wobei der Logarithmus der TROUTON-Viskosität gegen die Zeit aufgetragen ist. Die beiden Kurven entsprechen verschiedenen Fällwassertemperaturen (Kurve I = 16°C, Kurve II = 36°C). Sie lassen erkennen, daß die Verfestigung des Fadens ziemlich plötzlich einsetzt und außerordentlich schnell verläuft. Wir wollen uns hier aber zunächst für die Viskositäten in kleiner Entfernung von der Brause interessieren.

Zur Bestimmung der Viskosität an einer Stelle x im Trichter wird die Kenntnis der dort wirkenden Zugspannung und der dort herrschenden Fadenbeschleunigung benötigt. Dazu gibt es zwei Möglichkeiten. Man kann den oben (Abbildung 2) wiedergegebenen Diagrammen der Faden- und der Wasser-

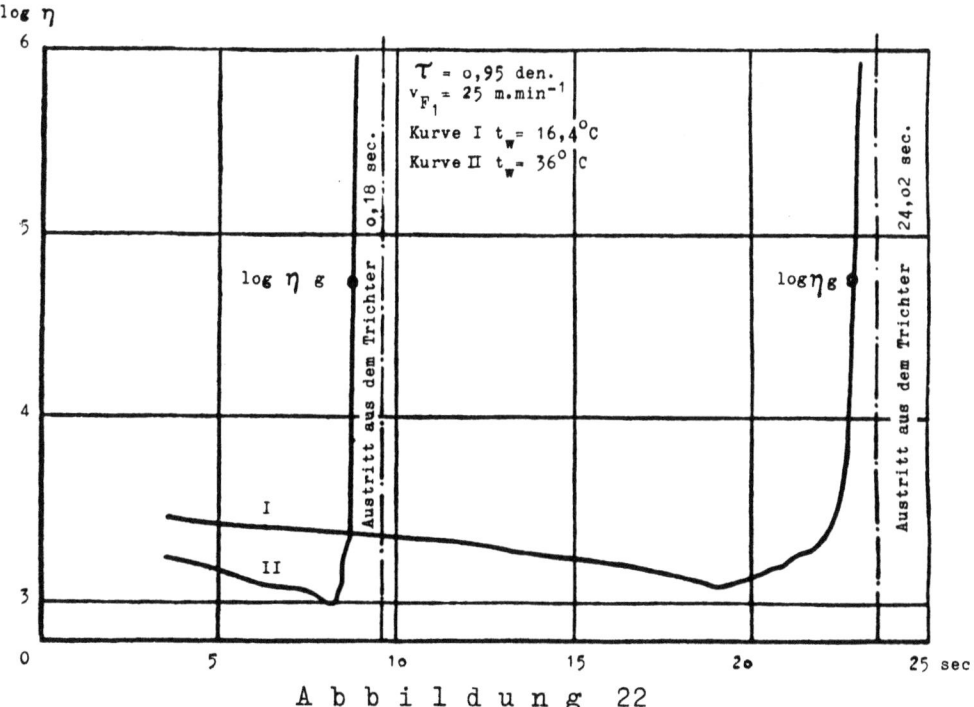

Abbildung 22

Der Anstieg der TROUTON-Viskosität des
Fadens im Spinntrichter (nach ELSAESSER)

geschwindigkeit die Fadenbeschleunigung und in der dort beschriebenen Weise auch die Zugkräfte entnehmen, die an jeder Stelle x im Trichter herrschen. Die photographische Messung des Querschnitts gestattet dann auch die Berechnung der Zugspannung an jedem Punkt. Man kann die Formel aber auch umschreiben, indem man die Fadengeschwindigkeit, in dem Gebiet wenigstens, in dem noch keine wesentliche Veränderung des Querschnitts durch Diffusion eingetreten ist, aus den Fadenquerschnitten berechnet. Es gilt nämlich

$$v_{F_x} = v_o \cdot \frac{q_o}{q_x}$$

und dazu

$$q_x = \pi \cdot r_x^2, \text{ sowie } v_o \cdot q_o = Q_o,$$

wobei v_F die Fadengeschwindigkeit, q_x den Fadenquerschnitt und $2r_x$ den Fadendurchmesser an der Meßstelle, ferner q_o den Düsenquerschnitt und Q_o die Fördermenge der Lösung in der Düse bezeichnen. Man erhält so

$$\eta = -\frac{1}{3} \cdot \frac{f_x}{Q_o} \cdot \frac{r_x}{dr_x/dx}$$

Der Gradient des Faserprofiles an der Meßstelle dr_x/dx, wird durch die Tangente an das Profil an dieser Stelle bestimmt.

b) Versuchsergebnisse

In Abbildung 23 sind einige Fadenprofile aufgetragen, wie sie bei der Verwendung verschiedener Düsen erhalten wurden. Sie stellen den Faserquerschnitt in Abhängigkeit von der Länge im Trichter für die ersten 8 cm dar. Diese Profilkurven unterscheiden sich bei Verwendung verschiedener Spinndüsenformen und -materialien im Anfang merklich. In 8 cm Entfernung von der Brause aber sind die Unterschiede verschwunden. Die unterschiedlichen scheinbaren Viskositäten in den Düsen und Aufweitungen hinter den Düsen wirken sich also nur in sehr frühen Faserzuständen aus. Der Querschnitt der Brausenlöcher ist als horizontale strichpunktierte Gerade markiert. Man sieht, daß die Fadenquerschnitte höher liegen als der Lochquerschnitt und zwar um so mehr, je kürzer die Spinndüse ist. Die Maxima der Fadenquerschnitte geben die Fadenaufweitungen, über die oben schon gesprochen wurde. Legt man an der Stelle $x = 0,4$, also 4 mm hinter der

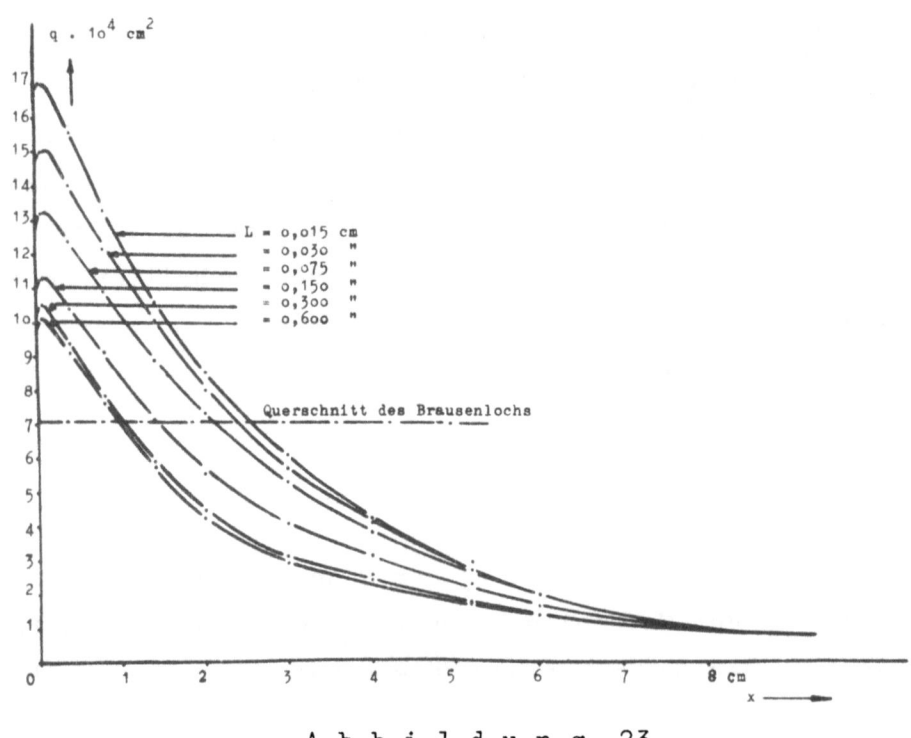

Abbildung 23

Verlauf des Faserquerschnitts hinter der Brause in Abhängigkeit von den Abmessungen und dem Material der Düsen

Düse die Tangenten an die Profilkurven, so berechnen sich nach den modifizierten TROUTON'schen Formeln die in der Tabelle 4 angegebenen Viskositäten. Zum Vergleich sind in der letzten Spalte auch die in den Brausen gemessenen scheinbaren Viskositäten eingetragen worden. Wir stellen diese Zahlen nebeneinander, ohne die Genauigkeit der TROUTON'schen Zahlen und ihre Vergleichbarkeit mit den Düsenviskositäten näher zu diskutieren; denn es muß - wie gesagt - offen bleiben, ob man die nach der modifizierten TROUTON-Formel für den spinnenden Faden berechneten Kennzahlen als Viskositätswerte ansprechen darf.

Tabelle 4
Scheinbare Viskosität in der Düse und TROUTON-Viskosität
im Abstande 4 mm von der Düse
(Spinntemperatur 30°C, Abzug 24 m/min)

Spinndüse Länge mm, Verh. L/R		Scheinbare Viskosität i.d. Düse	TROUTON-Viskosität 4 mm hinter d. Düse
Metalldüsen			
0,15	1	755	620
0,30	2	477	670
0,75	5	321	540
Glasdüsen			
1,5	10	301	420
3,0	20	258	280
6,0	40	217	300

Um die Frage zu beantworten, wie weit das Profil des spinnenden Fadens in unmittelbarer Nachbarschaft der Brause durch den Abzug beeinflußt wird, wurden unter im übrigen gleichen Bedingungen die Fadenprofile bei den Abzugsgeschwindigkeiten 0, 24 und 48 m/min aufgenommen (Abzugsgeschwindigkeit 0 bedeutet die alleinige Wirkung des Fadengewichtes. Die Messungen wurden unter Verwendung der Metalldüse von 0,15 und der Glasdüse von 1,5 mm Länge vorgenommen. Die Profilkurven (diesmal für die Fadendurchmesser) sind in Abbildung 24 wiedergegeben und lassen für beide Düsen innerhalb der Meßgenauigkeit die Unabhängigkeit des Fadenprofiles vom Abzug erkennen. Die Kurven sind ohne Ausgleichung - den Meßpunkten

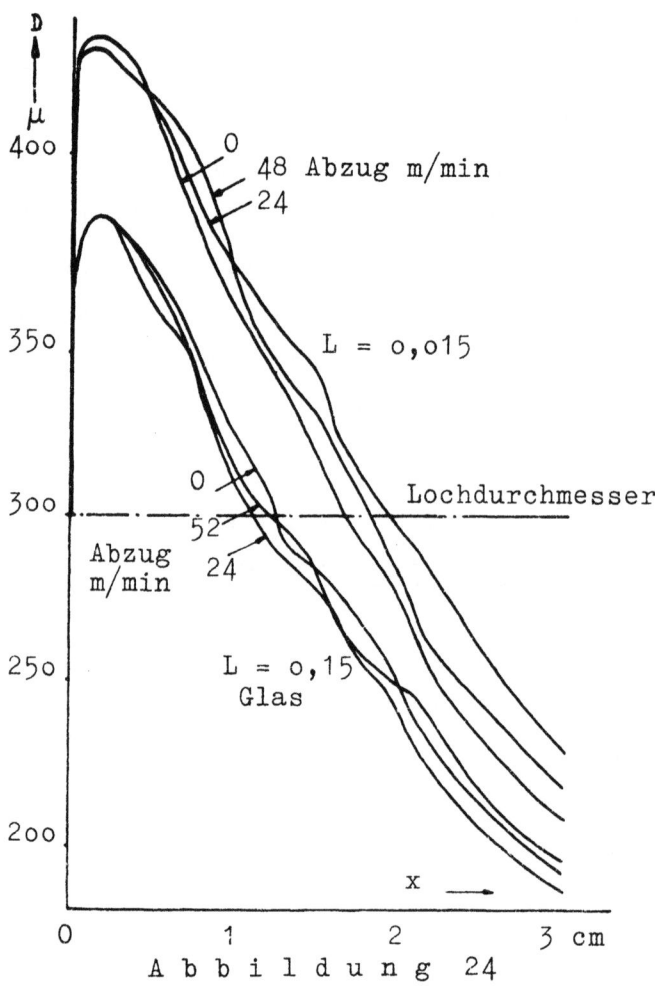

Abbildung 24

Verlauf des Faserdurchmessers hinter der Brause bei verschiedenen Abzugsgeschwindigkeiten aber konstanten Durchsatzmengen

folgend - gezogen und machen in ihrer Verschlingung und Überschneidung zugleich die Fehlerbreite solcher Messungen sichtbar. Wenn ein Einfluß des Abzuges auf das Fadenprofil existierte, so müßten die Profilkurven für die höheren Abzüge steiler abfallen als die für die niedrigeren. Davon kann jedoch keine Rede sein.

Schließlich wurde noch der Einfluß der Durchflußmenge auf das Fadenprofil untersucht. Als Beispiel gibt Abbildung 25 drei Kurven für die Glasdüse von 3 mm Länge und verschiedene Durchsatzmengen und Abzüge, die sich wie 1 : 2 : 3 verhalten. Zunächst fällt auf, daß die Aufweitung hinter der Düse mit wachsender Durchsatzmenge zunimmt. Wir haben das oben schon besprochen: Der größeren Durchsatzmenge entspricht eine schnellere Verformung und damit ein wachsender elastischer Anteil. Weiter zeigt sich, daß der höheren Abzugsgeschwindigkeit entsprechend das Maximum der Fadenauf-

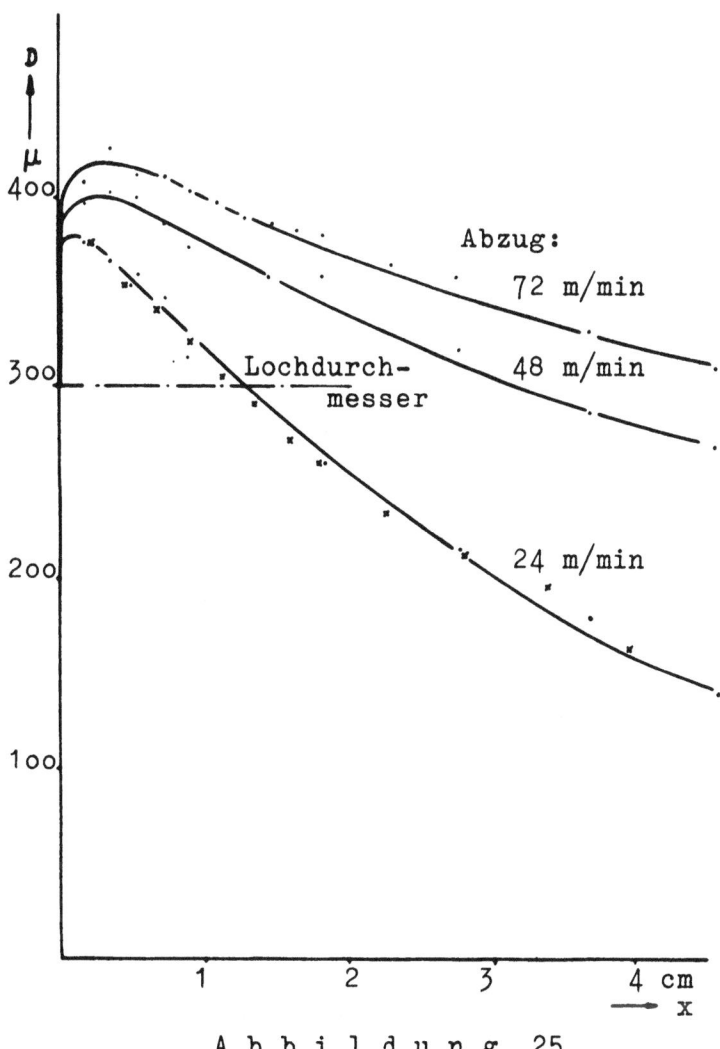

Abbildung 25
Der Verlauf des Faserdurchmessers bei
verschiedenen Durchsatzmengen und Abzügen

weitung sich von der Düse entfernt. Man muß dazu aber bedenken, daß infolge der verschiedenen Abzugs- und Durchsatzgeschwindigkeit der Zeitmaßstab für die verschiedenen Kurven verschieden ist. Im Zeitmaßstab aufgetragen treten die Maxima bei allen 3 Kurven etwa o,2 sec nach dem Verlassen der Düse auf. Vor allen Dingen aber erkennt man, daß das Fadenprofil bei den höheren Durchsatzmengen ganz wesentlich flacher verläuft. Dem entsprechen höhere TROUTON-Viskositäten, und so findet sich das paradoxe Ergebnis, daß die TROUTON-Viskositäten der Fäden mit wachsender Durchsatzmenge zunehmen, während die scheinbaren Viskositäten in den Brausen abnehmen.
In der Tabelle 5 sind die diesmal in der Entfernung 2 cm hinter der Brause gemessenen TROUTON-Viskositäten den scheinbaren Viskositäten in den

Brausen gegenübergestellt. Daraus geht mit aller Deutlichkeit hervor, daß in diesem Gebiet die nach der modifizierten TROUTON'schen Methode gemessenen Kennzahlen keinen Zusammenhang mit den Viskositäten der Fäden haben können.

Tabelle 5
Scheinbare Viskosität in der Düse und TROUTON-Viskosität im Abstande 2 cm von der Düse

Abzugs- geschw. m/min	Durchsatz- mengen cm^3/min	Scheinbare Viskosität i.d. Düse	TROUTON-Viskosität 2 cm hinter der Düse
Metalldüse 0,3 mm			
24	0,244	383	120
48	0,488	266	300
72	0,732	221	850
Glasdüse 3 mm			
24	0,244	232	124
48	0,488	150	300
72	0,732	126	1000

3. Die sogenannte optimale Viskosität

a) Definition des optimalen Zustandes

Wir bezeichneten oben die an den Faden angreifende Zugspannung und die Viskosität des Fadens als die maßgebenden Größen für die Strukturbildung. Hierfür wird jeder Zustand beitragen, den die Faser vom Lösungszustand bis zum Blaufadenzustand durchläuft, mit den Zugspannungen die dort herrschen. Es ist aber einleuchtend, daß nicht alle Zustände gleichartig auf die Bildung der endgültigen Struktur einwirken können. So werden die Zugspannungen im oberen Trichterteil, wo die Fasermasse noch Flüssigkeitscharakter hat, zwar, trotz ihrer niedrigen Werte, eine starke orientierende Wirkung auf die noch sehr beweglichen Mizellen ausüben, deren leichte Beweglichkeit andererseits aber die Fixierung in einer bestimmten Lage verhindern. Umgekehrt werden am Ende des Koagulationsverlaufs die erheblich viel höheren Zugspannungen kaum mehr eine orientierende Wirkung ausüben können, weil die Fasermasse dort bereits zu sehr verfestigt ist. Man wird also zu der Vorstellung geführt, daß es unter den Koagulationszuständen, welche die Fasermenge durchläuft, einen ausgezeichneten Zustand geben muß, in welchem die Verhältnisse für die Erzeugung und Fixierung der Struktur durch die Zusammenwirkung von Zugspannung und Viskosität besonders günstig sind. Mit solchen Überlegungen postuliert ELSAESSER einen "optimalen Koagulationszustand", der dadurch gekennzeichnet sein müßte, daß in ihm diese beiden widerstrebenden Eigenschaften ein Optimum besitzen, einerseits nämlich die Beweglichkeit der Mizellen, welche ihnen erlaubt, sich unter der Einwirkung von Zugspannungen mehr oder weniger parallel zur Fasermasse einzustellen und andererseits die Zähigkeit, welche eine einmal gebildete Struktur gegen die Einwirkung der thermischen Bewegung zu fixieren gestattet.

Es gelingt nun, aus den experimentell bestimmbaren Daten ein Kriterium zu finden, welches den optimalen Zustand anzeigt. Die auf die Faser im optimalen Zustand wirkende Zugspannung muß den ausschlaggebenden Beitrag zu ihrer Struktur und somit zu ihrer Festigkeit liefern. Die in den anderen Zuständen vor und nach dem optimalen Zustand wirkenden Zugspannungen sollten demgegenüber einen geringeren, vielleicht verschwindend geringen Einfluß haben. Wenn es nun Spinnbedingungen gibt, bei deren Änderung die Festigkeit der Faser unbeeinflußt bleibt, so ist zu erwarten, daß auch die Zugspannung im optimalen Zustand nur in geringen Grenzen schwankt, obgleich die Form der Zugspannungskurve im ganzen stark verändert wird. In der Abbildung 26 sind für eine Versuchsreihe mit veränderter Fällwassertemperatur, bei der infolge der Verwendung eines so langen Trichters, daß auch bei den niedrigsten Temperaturen der Blaufadenzustand im Trichter noch voll erreicht wird, die Festigkeit praktisch unverändert blieb, die Zugspannung gegen die nach der modifizierten TROUTON'schen Methode gemessenen Kennzahlen für den Koagulationszustand aufgetragen worden.

Man erkennt, daß diese Kurven in der logarithmischen Darstellung durchaus verschiedene Verläufe haben, indem sie um so steiler ansteigen, je niedriger die Spinntemperatur ist, daß aber in dem Bereich der Werte 4,75 - 5,1 für den Logarithmus der TROUTON-Viskosität die Zugspannungen sehr nahe gleich sind, während sie davor und dahinter erheblich differieren. Dieser Bereich wäre danach als der optimale Koagulationsbereich zu

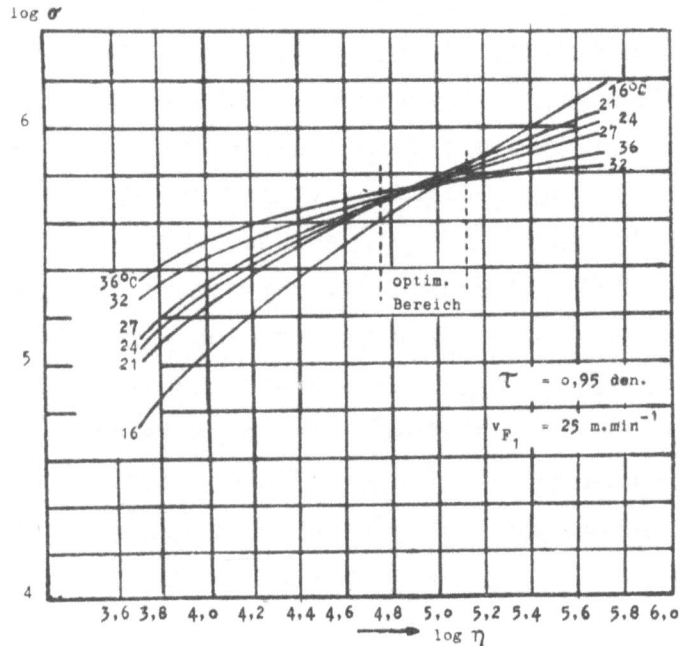

Abbildung 26

Der Zusammenhang von Zugspannung und TROUTON-Viskosität
für eine Temperaturserie (nach ELSAESSER)

bezeichnen, in dem die übereinstimmenden Festigkeiten entstehen. Für jeden Fasertiter wird eine andere solche Kurvenschar erhalten mit einer um so höheren Festigkeit, je höher die Zugspannung in diesem optimalen Bereich liegt. Der Schnittpunkt, d.h. der optimale Bereich liegt aber stets bei derselben Größe der TROUTON-Viskosität. Trägt man nun, wie es in Abbildung 27a geschehen ist, die Meßpunkte für sämtliche dieser Temperaturreihen in ein Diagramm ein und zieht man die obere und die untere Grenzkurve für die Zugspannung σ_{max} und σ_{min}, so zeigt das Verhältnis der beiden Grenzwerte (Abbildung 27b) ein ausgesprochenes Minimum bei dem Werte 4,75 des Logarithmus der TROUTON-Viskosität. ELSAESSER's "optimaler Koagulationszustand" ist also durch eine TROUTON-Viskosität von 56 500 Poise gekennzeichnet. Die für den optimalen Zustand erhobene Forderung, daß die Zugspannung die Festigkeit bestimmt, zeigt sich jedoch nur dann erfüllt, wenn man unter Bedingungen spinnt, bei denen die Fadenstruktur über dem Querschnitt noch als homogen betrachtet werden kann. In diesem Falle, der bei sehr kleinem Titer praktisch verwirklicht ist, steigt die Festigkeit nahezu linear mit der Zugspannung an. Im anderen Falle, wie er bei höheren Titern auftritt, aber biegt der anfängliche

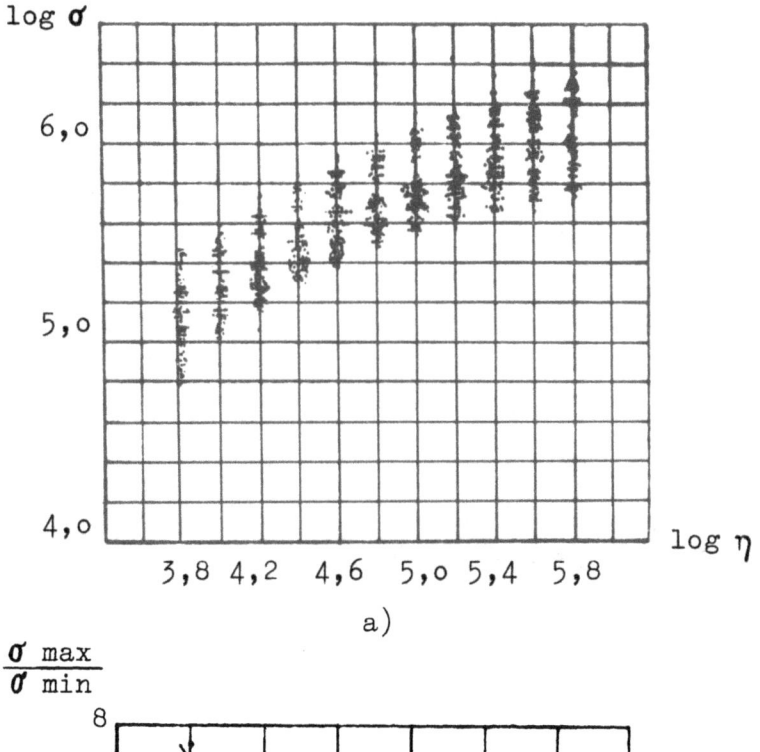

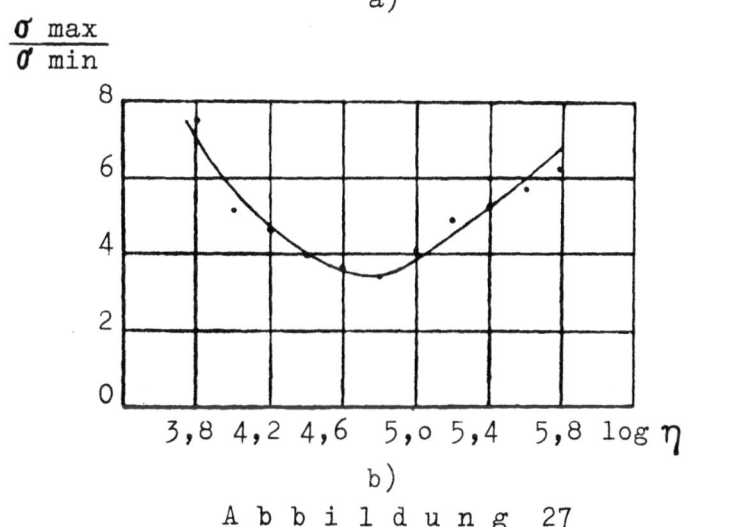

Abbildung 27

a) Diagramm der zugehörigen Werte der Zugspannung und der TROUTON-Viskosität für verschiedene Fällwassertemperaturen und Fasertiter (nach ELSAESSER)

b) Verhältnis der oberen und der unteren Grenzwerte der Zugspannungen in Abhängigkeit vom Logarithmus der TROUTON-Viskosität (nach ELSAESSER)

Anstieg der Festigkeit mit der Zugspannung bald um, so daß trotz wachsender Kräfte keine höheren Festigkeiten mehr erhalten werden. Das ist die Folge der stärkeren Koagulation und Verfestigung der äußeren Zonen des Fadenquerschnitts, die dann bei weiteren Streckungen zerrissen werden.

b) Der Ort des optimalen Zustandes im Trichter

Auf Grund seiner umfangreichen Versuche gibt ELSAESSER folgende Beziehung für die Lage des optimalen Zustandes im Trichter:

$$x = \lambda \cdot v_{F_1} \cdot \Theta.$$

Dabei bedeuten x die Entfernung von der Brause, v_{F_1} die Abzugsgeschwindigkeit, Θ den Titer der Einzelfaser in den. und λ einen temperaturabhängigen Faktor, der die in der Tabelle 6 angegebenen Werte hat.

Tabelle 6
Temperaturfaktor

Spinntemperatur	λ
15°	0,619
20°	0,544
25°	0,453
30°	0,378
35°	0,302
40°	0,248
45°	0,206

Betrachtet man nun die Wirbel- oder Ablösungszone im Spinntrichter, so stellt man fest, daß sie gerade dort auftritt, wo nach ELSAESSER der "optimale Koagulationszustand" zu erwarten ist. Abbildung 28 zeigt eine Photographie, die wir an unserem Versuchstrichter erhalten haben, indem wir in die Fällwasserleitung eine Dosis eines geeigneten Farbstoffes einspritzten. Der Wirbeleinsatz erfolgt hier in einer Entfernung von 15 cm vom oberen Trichterrand, das sind ungefähr 13 cm Abstand von der Brause. Mit den Spinnbedingungen: v_{F_1} = 24 m/min, Fällwassertemperatur 30°C, d.h. λ = 0,38, berechnet sich die Entfernung des optimalen Zustandes von der Brause zu 12,1 cm. Der Ort der "optimalen Viskosität" von 56 600 Poise im Faden fällt also praktisch mit der Stelle der Wirbelablösung im Trichter zusammen.

Auch die Messung des Kupferaustausches im Spinntrichter gibt einen Hinweis auf die Bedeutung der "optimalen Viskosität" für den Koagulationszustand. Dazu wurde das Spinnwasser in verschiedenen Höhen im Trichter aus der unmittelbaren Nachbarschaft des Fadens entnommen und sein Kupfer-

Forschungsberichte des Wirtschafts- und Verkehrsministeriums Nordrhein Westfalen

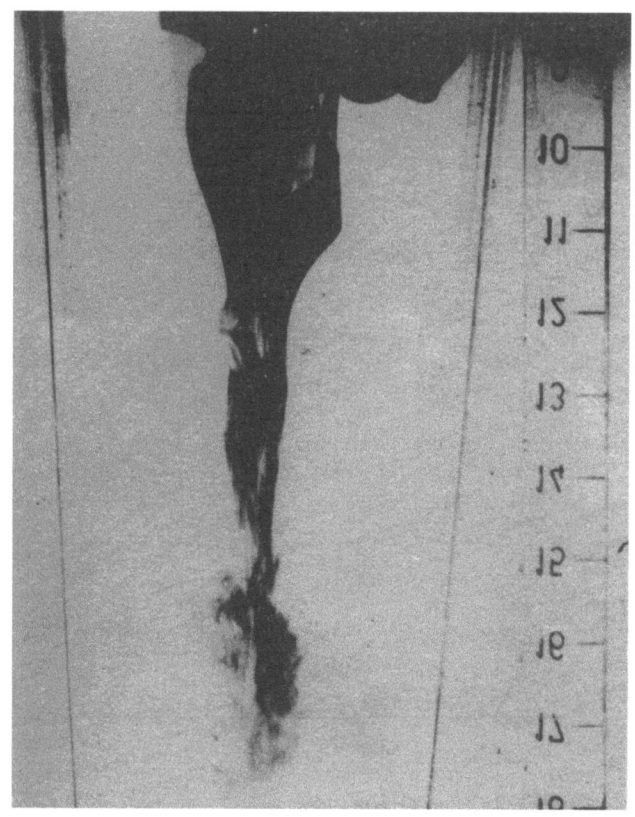

Abbildung 28
Photographie der Wirbelzone im Spinntrichter

gehalt bestimmt. Der Spinntrichter war deshalb mit seitlichen Ansatzröhrchen versehen, die mit Gummikappen verschlossen waren. Hier wurde die Kanüle einer Injektionsspritze eingestochen, bis unmittelbar an den äußersten Faden des Fadenbündels herangeführt und danach das Wasser mit einer Geschwindigkeit abgesaugt, die klein war gegen die Wassergeschwindigkeit im Trichter. Reproduzierbare Werte der Kupferkonzentration wurden nur erhalten, wenn das Absaugen so dicht an dem Faden gelang, daß die Grenzschicht zwischen Faden und Wasser selbst erfaßt wurde. Bei größeren Entfernungen ergaben sich durch die Verwirbelung des Wassers im Trichter an ein und derselben Stelle stark schwankende Werte.

Der Anstieg des Kupferaustausches ist so scharf, daß dann, wenn man die Reagenzgläschen mit den verschiedenen entnommenen Proben in der richtigen Reihenfolge nebeneinander stellt, der Einsatz der Färbung des Wassers durch das Kupfer schon dem bloßen Auge erkennbar ist. So genügt auch bereits eine kolorimetrische Messung, um den Einsatz und Anstieg des Kupferwertes zu bestimmen. In Abbildung 29 ist der Verlauf der Kupferkonzentra-

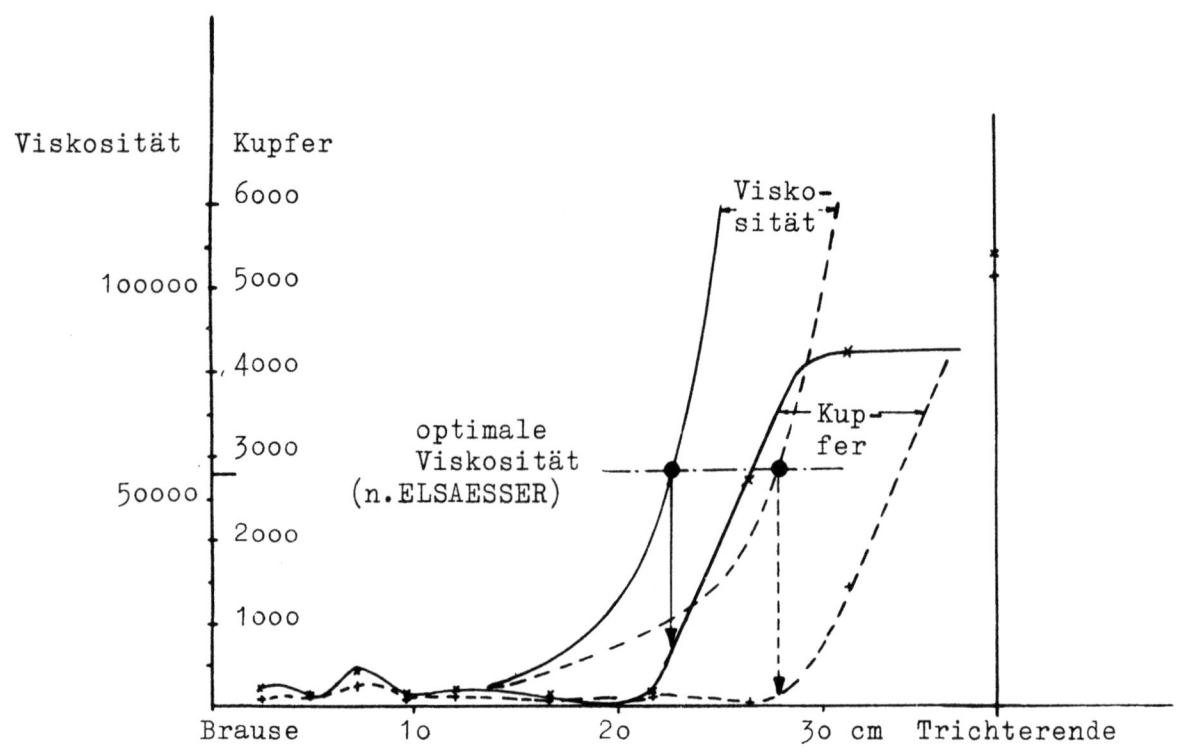

Abbildung 29

Verlauf der Kupferkonzentration im Fällwasser und er Viskosität im Faden mit der Entfernung von der Brause im Spinntrichter

tion im Spinnwasser in Abhängigkeit von der Entfernung von der Brause aufgetragen. Es wurden 2 Meßreihen durchgeführt, bei denen mit verschiedener Abzugsgeschwindigkeit und verschiedenem Titer gesponnen wurde, so daß die Lage der Koagulationszone im Trichter verschieden war.

In der Figur sind auch die Viskositätswerte aufgetragen, wie sie nach der oben beschriebenen Umwandlung der TROUTON'schen Formel auf den Spinnvorgang berechnet wurden. Die Viskositätskurven zeigen bei den beiden Versuchsreihen die gleiche Verschiebung wie die Kurve für die Kupferkonzentration. Insbesondere liegen die Stellen, an denen nach der modifizierten TROUTON'schen Methode eine "Viskosität" von 56 500 Einheiten errechnet wird, in beiden Fällen gerade an der Stelle, bei der der Kupferaustausch einsetzt. Damit ist bewiesen, daß der nach TROUTON berechneten Viskositätszahl 56 500 in Übereinstimmung mit den Folgerungen ELSAESSER's aus dem Verlauf der Zugspannungskurven in Abhängigkeit von der Viskosität eine maßgebende Bedeutung für den Koagulationsvorgang zukommt. Ihr Ort ist identisch mit dem Beginn der Wirbelablösung (nach Abb. 28) und mit dem Einsatz des Kupferaustausches. Der anfängliche Viskositätsanstieg vor dem Erreichen des optimalen Wertes rührt also nur vom Lösungsmittelaustausch her, während der Kupferaustausch erst nach Erreichung des optimalen Viskositätswertes einsetzt.

D. Die Röntgenstruktur des entstehenden Fadens

1. Die Röntgenstruktur des nassen Fadens

Den Versuchen, die Röntgenstruktur des entstehenden Fadens bei dem Streckspinnverfahren der Chemiekupferseide zu erfassen, stehen erhebliche Schwierigkeiten entgegen. Für das Viskoseverfahren existieren ältere Untersuchungen von KREBS[2]. Dort liegen die Verhältnisse aber insofern einfacher, als die Verstreckung im wesentlichen erst nach erfolgter Koagulation durchgeführt wird und sich dazu noch über einen einigermaßen langen Fadentrakt erstreckt. Es konnte daher so vorgegangen werden, daß die Maschine stillgelegt, der Faden entnommen, vorsichtig regeneriert, gewaschen und getrocknet und in kurze Stücke zerschnitten wurde. Wenn also auch alle Stücke in der Endform der Regeneratzellulose zur Untersuchung kamen, so bildet sich in der unterschiedlichen Orientierung und Kristallisation der einzelnen Abschnitte doch der räumlich ausgedehnte Vorgang der Strukturbildung durch die Verstreckung in seinen einzelnen Stadien ab. Bei dem Streckspinnverfahren der Chemiekupferseide aber ist die Verstreckung mit der Koagulation unmittelbar verkoppelt und daher - wie diese - auf einen kleinen Zeitraum und ein entsprechend kurzes Fadenstück zusammengedrängt. Die obige Abbildung 22, in der die TROUTON-Viskosität des Fadens in Abhängigkeit von der seit dem Verlassen der Brause verstrichenen Zeit aufgetragen ist, läßt erkennen, wie steil der Viskositätsanstieg und mit ihm der Verlauf der Koagulation und der Verstreckung ist, und macht deutlich, daß als nächstes stabiles Produkt nach der Lösung erst der Blaufaden realisierbar ist. Man könnte zwar daran denken, von verschiedenen Fadenzuständen im Spinntrichter Röntgendiagramme zu gewinnen. Doch wird das durch die im Verhältnis zum Faden dicke, in ihrer Dichte aber mit ihm vergleichbare Fällwasserschicht und die unvermeidlichen Trichterwände zu beiden Seiten des Fadens unmöglich gemacht. Denn dadurch

Forschungsberichte des Wirtschafts- und Verkehrsministeriums Nordrhein Westfalen

wird nicht nur die nötige Annäherung des Fadenbündels an die Röntgenröhre verhindert, sondern es treten auch im Fällwasser und in dem Trichtermaterial zusätzliche Streueffekte auf, die die Gewinnung von Röntgendiagrammen der Zellulosesubstanz, die selbst von der Fadensubstanz nur etwa 1o % ausmacht, verhindern. Infolgedessen ist, soweit man den Spinnvorgang dem normalen Verfahren gegenüber nicht grundsätzlich verändern will, der Einsatz der Röntgenmethoden zur Feinstrukturuntersuchung frühestens für den Blaufaden möglich.

Der Blaufaden selbst ist aber auch nicht beliebig haltbar, sondern nur so lange, wie er seinen hohen Wassergehalt behält. Seine Zusammensetzung ist: 88 % Wasser, 9 % Zellulose, 2 % Kupfer und 1 % Ammoniak. Dazu schleppt er noch eine vielfache Wassermenge außen mit sich. Er kann also auch nur im laufenden Zustand untersucht und muß dazu von dem außen anhaftenden Wasser befreit werden. Dazu wurde eine Trockenvorrichtung in Form einer Trockentrommel gebaut, die so angetrieben war, daß ihre Umfangsgeschwindigkeit mit der Fadengeschwindigkeit übereinstimmte. Sie bestand aus einer flachen zylindrischen Trommel, deren Zylinderwand mit vielen kleinen Bohrungen versehen war und deren Innenraum mit einer Vakuumpumpe in Verbindung stand (Abbildung 3o). Der Faden wurde um diese Trockentrommel herumgeführt und lief dann in einer Röntgenkammer unmittelbar vor der Blende entlang, durch die die Röntgenstrahlen eintreten (Abbildung 31). In einiger Entfernung davon war senkrecht zum Röntgenstrahl ein ebener photographischer Film aufgestellt, der zur Vermeidung der Lichteinwirkung auf den Film in schwarzes Papier eingewickelt war.

Durch den Einsatz der Trockentrommel konnte das mitgeführte Wasser tatsächlich so weit entfernt werden, daß sich an den Fadenführern in der Röntgenkamera keine Wassertropfen abschieden. Trotzdem konnte die Zellulosestruktur des Blaufadens aber nicht erfaßt werden, weil durch seinen Kupfergehalt von noch ungefähr 2 % eine so starke diffuse Streustrahlung entsteht, daß die möglichen Röntgeninterferenzen der Kupferzellulose überdeckt werden. Dagegen tritt ein diffuser Interferenzring auf, der von dem nicht chemisch gebundenen Quellwasser des Blaufadens herrührt. Dieses Wasser macht die neunfache Gewichtsmenge der Zellulosesubstanz aus, und zudem liegt sein Interferenzring bei wesentlich größeren Streuwinkeln, als sie für die Zelluloseinterferenzen zu erwarten sind, wo die Streuung der Kupferatome schon stark abgeklungen ist (Abbildung 32).

Forschungsberichte des Wirtschafts- und Verkehrsministeriums Nordrhein Westfalen

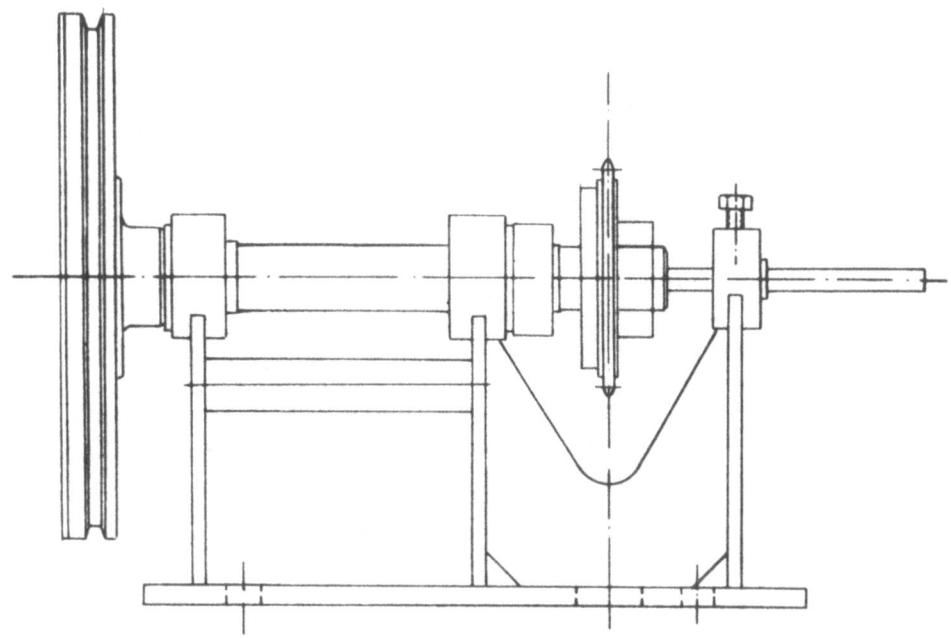

Abbildung 30
Schematische Darstellung der Trockentrommel

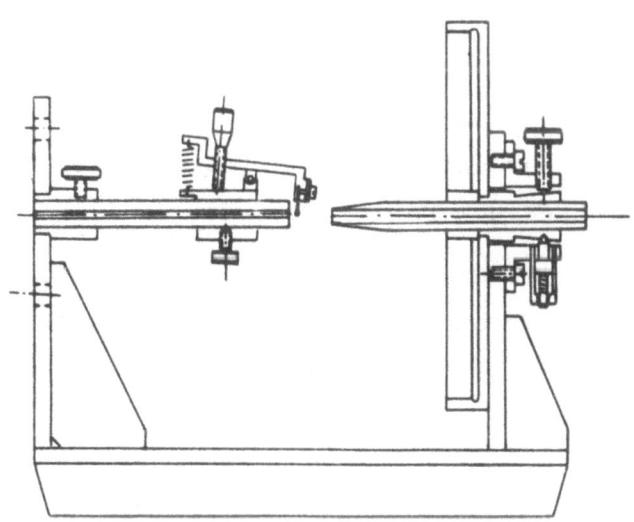

Abbildung 31
Schematische Darstellung der Röntgenkammer
für die Aufnahme des laufenden Fadens

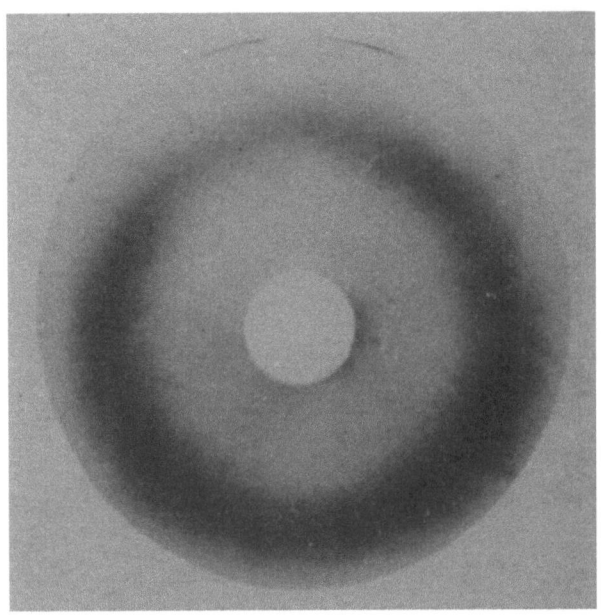

Abbildung 32
Röntgendiagramm des Blaufadens

Wir waren daher genötigt, vor dem Eintritt in die Röntgenkammer noch wenigstens eine teilweise Absäuerung des Fadens zur Entfernung des Kupfers durchzuführen. Doch bedeutet das natürlich, daß nicht mehr der Blaufadenzustand und nicht mehr die Struktur der Kupferzelluloseverbindung, sondern erst die Struktur der regenerierten Hydratzellulose selbst erfaßt werden kann. Abbildung 33 zeigt das Diagramm des abgesäuerten Blaufadens, der noch etwa 1 % Kupfer enthält. Doch liegt dieses Kupfer nicht mehr in an die Zellulose gebundener Form vor.

Dieses Diagramm läßt nun die beiden intensiven Interferenzen A_3 und A_4 der Hydratzellulose klar und andeutungsweise auch den schwächeren Reflex A_o erkennen, der in kleiner Entfernung von dem Mittelpunkt des Diagrammes liegt. Er ist schwächer und verwaschener als bei dem Diagramm der trockenen Faser, was darauf zurückgeführt werden muß, daß die Kristallite senkrecht zu dieser Spaltebene erst eine sehr kleine Ausdehnung haben. In diesen Ebenen liegen besonders viele Hydroxylgruppen der Zellulose, die im fertigen Kristall durch Wasserstoffbindungen zusammengehalten werden, hier aber größtenteils noch durch das Quellwasser besetzt sind. Erst wenn der Faden fertig abgesäuert, gewaschen und getrocknet ist, tritt das normale Diagramm der Hydratzellulose auf (Abbildung 34).

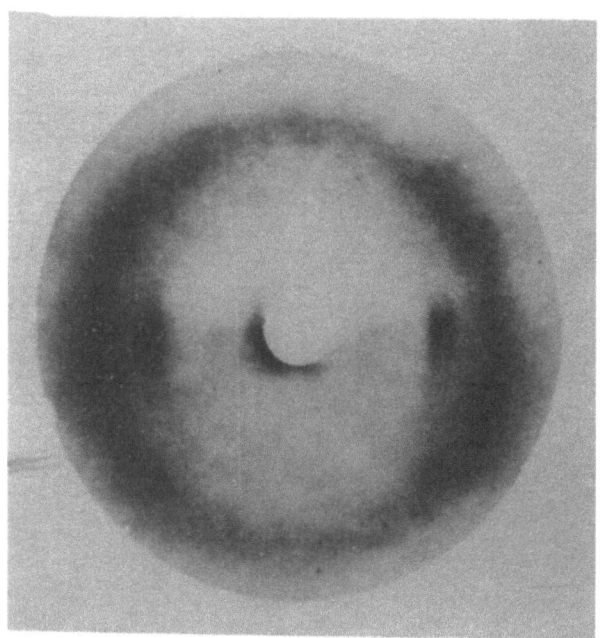 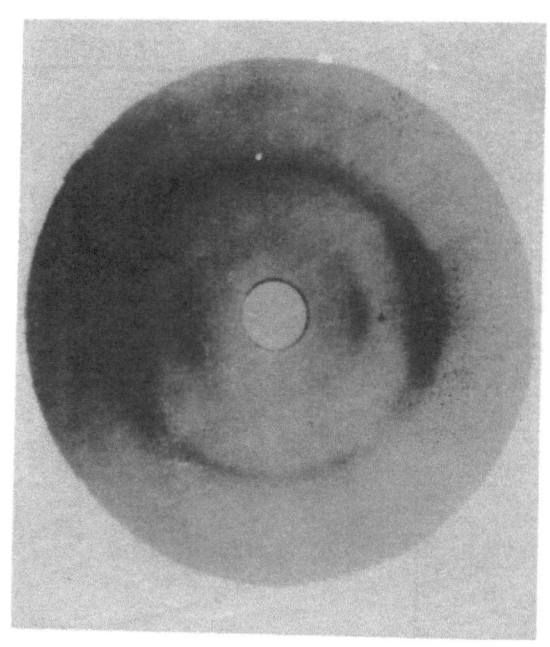

A b b i l d u n g 33
Röntgendiagramm des (unvollständig) abgesäuerten Blaufadens

A b b i l d u n g 34
Röntgendiagramm des fertigen Fadens

Der Vergleich dieses Diagrammes mit dem des teilweise abgesäuerten, aber noch hoch gequollenen Fadens ist auch in einer anderen Beziehung interessant. Die sichelförmigen Interferenzen des letzteren sind sehr viel kürzer als die des fertigen Fadens. Die Orientierung der Kristallite ist dort also wesentlich höher und wird durch den anschließenden Vorgang des Waschens und Trocknens verändert. Zugleich ist die Orientierung der Blättchenfläche A_o nicht, wie im fertigen Faden, besser, sondern nur gleich gut wie die der anderen paratropen Flächen A_3 und A_4. Denn die azimutalen Schwärzungskurven der Reflexe A_o und A_3, die in Abbildung 35 dargestellt sind, fallen im frischgequollenen Zustand (a) zusammen, während im trockenen Zustand (b) die erstere steiler verläuft als die letztere und damit eine bessere Orientierung der Blättchenfläche A_o als der schmalen Seitenfläche A_3 anzeigt.

Der Blättcheneffekt wird damit zum überwiegenden Teil als eine Wirkung der Trocknung ausgewiesen, und das ist im Sinne unserer Ausführungen in dem vorhergegangenen Forschungsbericht[3] auch leicht verständlich, weil bei der Entquellung starke radiale Schrumpfungen und damit Querkräfte auftreten müssen, die die Blättchenfläche zur Senkrechtstellung zum Faser-

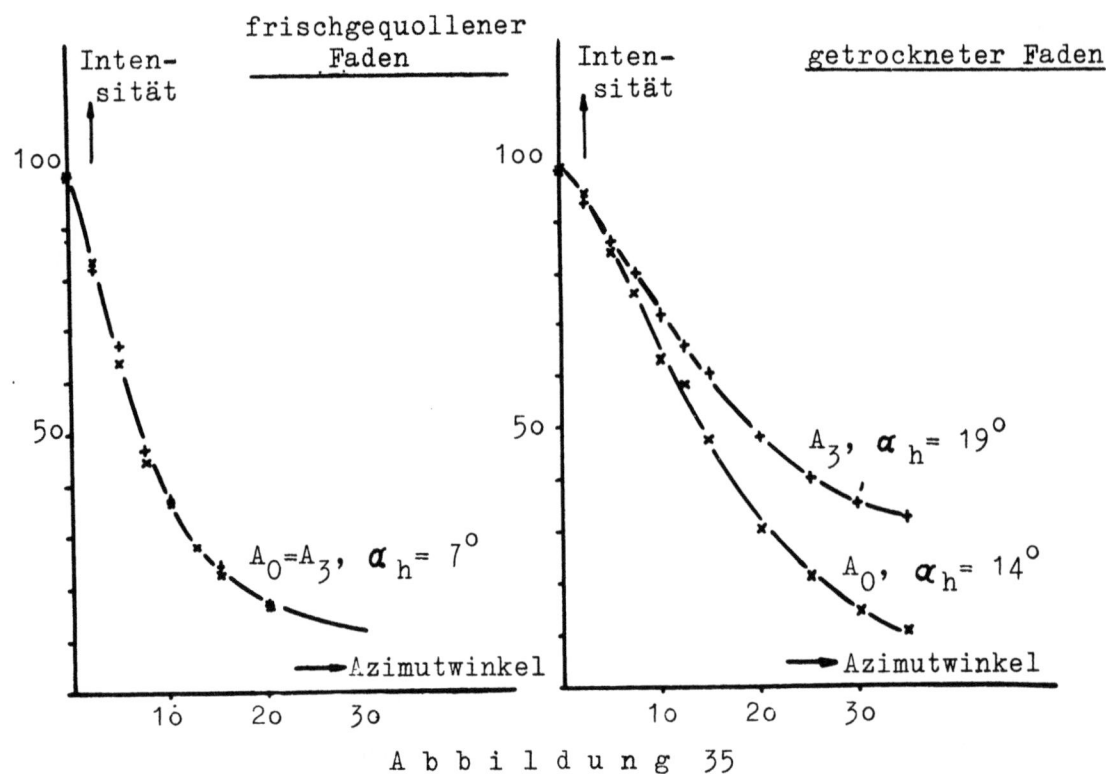

Abbildung 35

Azimutale Schwärzungskurven der Reflexe A_o und A_3 im frischgequollenen und im trockenen Zustand

radius zwingen, zumal wenn die Trocknung unter Spannung erfolgt. Daran wird kenntlich, welch große Bedeutung der Trocknungsvorgang auf die Strukturbildung und damit auf die Eigenschaften der Fäden haben kann. Dadurch wird zugleich deutlich, daß der Einfluß der Verstreckung auf die Strukturbildung nur dann richtig erfaßt werden kann, wenn der Einfluß der Trocknung entweder selbständig erfaßt oder durch sorgfältige Einhaltung der Trocknungsbedingungen wenigstens konstant gehalten wird.

2. Die Röntgenstruktur des trockenen Fadens

Nachdem die im Teil B dieses Berichtes beschriebenen Versuche über das elastisch-viskose Verhalten der Spinnlösung in den Spinndüsen je nach der Form der Düsen einen verschiedenen Grad des Abklingens der elastischen Einlauforientierung und der Ausbildung der viskosen Strömungsorientierung ergeben haben, entsteht die Frage, ob diese Lösungsstruktur sich irgendwie auch in der Struktur des fertigen Fadens äußert. Dazu wurden von den bei diesen Versuchen gesponnenen Fäden auf röntgenographischem Wege die Orientierungen gemessen. Diese Messung erfolgte nach der in dem vorhergehenden Forschungsbericht Nr. 35[3] ausführlich beschriebenen Weise, die zur Angabe der sogenannten Orientierungsgüte führt. In Abbildung 36 sind im Diagramm (a) für 2 Versuchsreihen die Orientierungsgüten als Funktion der Düsenlänge bzw. ihres Verhältnisses von Länge zum Radius aufgetragen worden. Sie zeigen von der Düsenlänge 0,3 mm (Verhältnis L/R = 2) an eine Zunahme der Orientierungsgüte mit zunehmender Länge bzw. zunehmendem Verhältnis L/R, durchaus im Sinne also der dabei zunehmenden Strömungsorientierung. Noch problematischer als dieser Einfluß aber ist die Feststellung, daß die Orientierungsgüte bei Verwendung der kürzesten Düse L = 0,15 mm (L/R = 1) am höchsten liegt. Hier ist die Strömungsorientierung zweifellos am kleinsten, so daß der höhere Orientierungswert nur auf die elastische Komponente der Lösungsstruktur zurückgeführt werden kann, die von dem Zwang der Einströmung in die Düse herrührt. Daraus

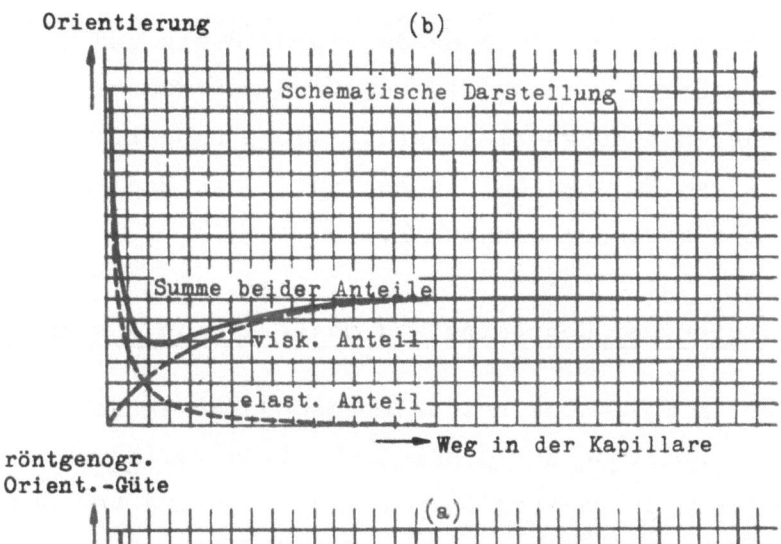

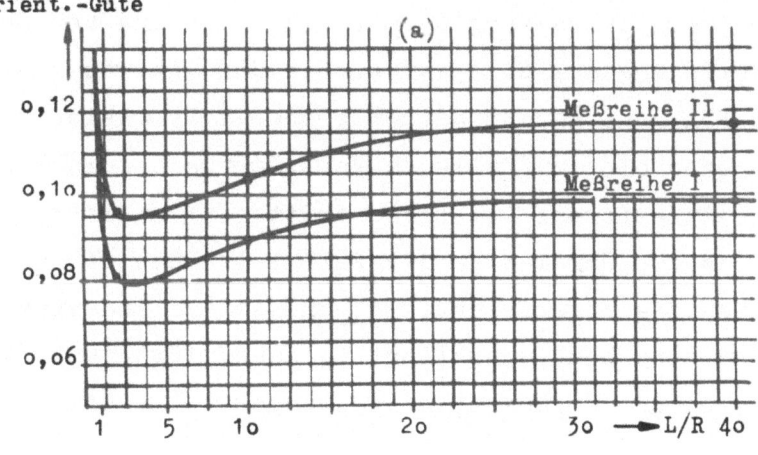

Abbildung 36

Der Verlauf der Orientierungsgüte des fertigen
Fadens mit der Bodendicke der Spinndüse

würde aber hervorgehen, daß diese Verformung trotz der gerade bei dieser Düse auftretenden besonders großen Fadenaufweitung nicht vollständig verschwindet, sondern durch den Zwang des sich hier schnell verjüngenden Fadens zu einem wirksamen Bruchteil noch erhalten bleibt. In dem Diagramm (b) der Abbildung 36 ist der Verlauf dieses elastischen, sowie des viskosen Anteiles mit wachsender Düsenlänge aufgetragen, und die Kurve beider Anteile zeigt tatsächlich einen ähnlichen Verlauf, wie ihn die Orientierungsgüten in beiden Meßreihen übereinstimmend zeigen. Diese Deutung des Effektes der kürzesten Düse hat in gewissem Sinne den Charakter einer ad-hoc-Annahme und kann noch nicht völlig befriedigen, zumal die Relaxationszeit nach den obigen Feststellungen nur etwa 0,03 sec beträgt. Für die Strömungsorientierung in der Düse aber muß, wie oben ausgeführt wurde, die Relaxationszeit wesentlich größer angenommen werden, so daß keine Bedenken dagegen bestehen, durch den parallelen Gang zwischen dem mit wachsendem Verhältnis von Länge zu Radius der Düsenbohrung zunehmenden Ausmaß der Strömungsorientierung der Spinnlösung und dem ebenso wachsenden Betrage der Orientierungsgüte des fertigen Fadens die Existenz einer Nachwirkung der Strömungsorientierung der Lösung bis hinein in die Struktur des fertigen Fadens, mindestens unter den Bedingungen des Versuchstrichters, als bewiesen anzusehen.

3. Das Auftreten der Hochtemperaturmodifikation der Zellulose

Den Anlaß für den in folgendem beschriebenen Spinnversuch bildete die röntgenographische Untersuchung einer im Continueverfahren gesponnenen Reyon-Probe der American Bemberg Corporation, die uns von der J.P. Bemberg A.G. zur Verfügung gestellt wurde. Wie die Abbildung 37 erkennen läßt, zeigt das Röntgendiagramm dieser Probe im Vergleich zu dem eines Bemberg-Dureta-Reyon eine auffallende Verstärkung der Intensität der äußeren Zelluloseinterferenz A_4. Diese tritt hier stärker auf als A_3, während gewöhnlich das Umgekehrte der Fall ist. Beachtet man dazu, daß sich auch zwischen die Interferenzen A_o und A_3 die Andeutung einer weiteren Interferenz einschiebt, so liegt es nahe, für diese Probe auf das teilweise Vorliegen der sogenannten Hochtemperaturmodifikation der Zellulose zu schließen, die durch das Auftreten zweier Interferenzen T_1 und T_2 gekennzeichnet ist, von denen die eine zwischen den normalen Interferenzen A_o und A_3 liegt, während die andere nahezu mit A_4 zusammenfällt.

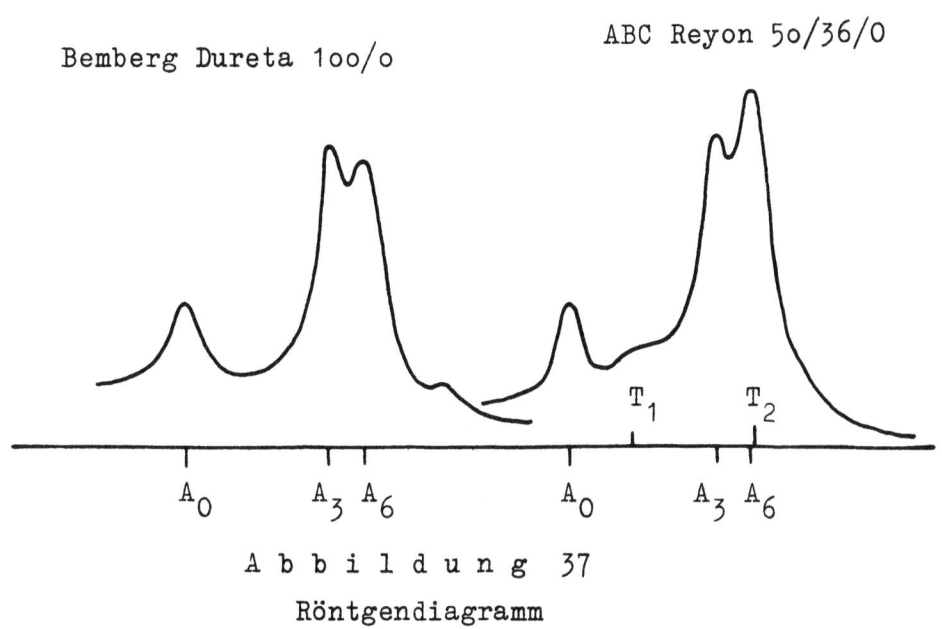

Abbildung 37
Röntgendiagramm
a) Bemberg-Dureta 1oo/0 b) ABC Reyon 5o/36/0

Diese Hochtemperaturmodifikation wurde von HESS u. KIESSIG[4] nach einstündigem Erhitzen von Hydratzellulose in Glycerin bei 250°C auf röntgenographischem Wege aufgefunden; später gelangen HERMANS u. WEIDINGER[5] sehr vollständige Umwandlungen, indem sie dafür sorgten, daß vor dem Einbringen der Fasern in das heiße Glycerin eine vollständige Ersetzung des Quellwassers durch Glycerin erfolgte. Dazu wurden die Fasern zunächst in Wasser gequollen, dann 5 Minuten in Wasser gekocht, darauf zweimal für 1/2 Stunde in 96 % Alkohol und anschließend 1 Stunde in Glycerin gebadet, bevor sie in das Glycerinbad von 250°C eingeführt wurden. Nach zweistündiger Erhitzung auf 27o°C wurde so eine Umwandlung der Hydratzellulose zu 80 % in die Hochtemperaturmodifikation-Zellulose erreicht. Bei dem Continue-Verfahren der ABC wird dem Patentanspruch nach heiße Schwefelsäure zur Abkürzung der Regenerationszeit benutzt und, wenn es zutrifft, daß dabei die Hochtemperaturmodifikation zu einem kleinen Teil bereits entsteht, so muß diese Umwandlung im Blaufadenzustand, also bereits bei tieferen Temperaturen als 250°C und ohne die Anwesenheit von Glycerin erfolgen.

Um diese Frage zu prüfen, haben wir einen Spinnversuch durchgeführt, bei dem der Blaufaden nach dem Verlassen des Trichters durch eine lange Schale mit auf 9o°C erhitzter Spinnsäure lief. Aus der Länge des Bades und

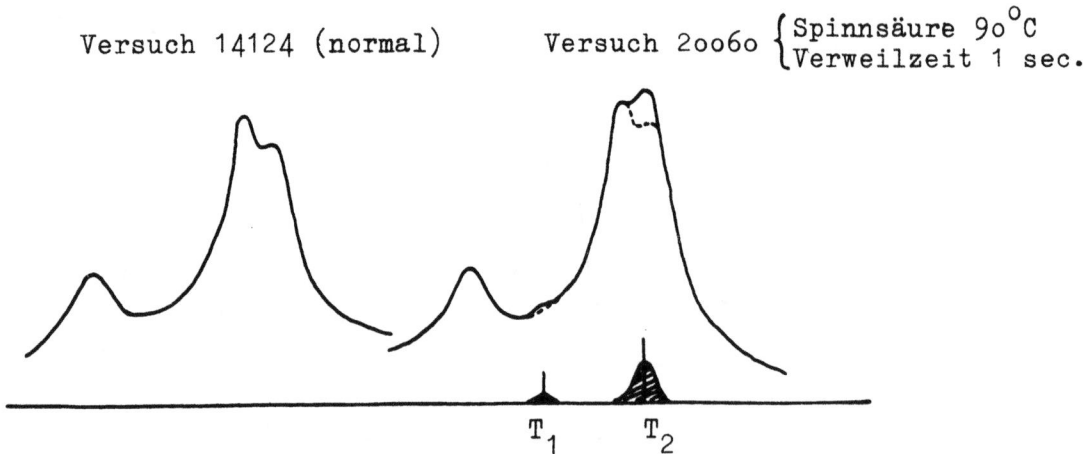

Abbildung 38
Röntgendiagramm zweier Versuchsfäden
a) normal   b) mit heißer Spinnsäure

der Abzugsgeschwindigkeit ergibt sich die Verweilzeit des Fadens in der heißen Säure gerade zu 1 sec. Abbildung 38 zeigt die Gegenüberstellung der Röntgendiagramme zweier von uns gesponnener Versuchsfäden, wobei der eine (a) normal mit verdünnter Schwefelsäure von Zimmertemperatur, der andere (b) in der oben beschriebenen Anordnung bei einer Temperatur von 90°C abgesäuert wurde.

Das Diagramm der letzteren läßt die Reflexe T_1 und T_2 der Hochtemperaturmodifikation beide erkennen, den ersten schwachen Reflex zwar nur andeutungsweise, den zweiten kräftigen Reflex aber schon recht deutlich. Daraus geht hervor, daß bei dem kurzen Verweilen des Blaufadens in der heissen Säure die Hochtemperaturmodifikation der Zellulose bereits in nachweisbarer Menge gebildet worden ist.

Das Auftreten der Hochtemperaturmodifikation in Kunstseidefasern war uns schon aus einer Reihe anderer Fälle bekannt, die alle dadurch auffielen, daß der Reflex A_4 scheinbar eine größere Intensität hatte als A_3, während es wie gesagt unter normalen Verhältnissen stets umgekehrt ist. Dazu gehört die verseifte Acetatstreckseide, deren Probe uns von der Rhodiaceta A.G., Freiburg/Breisgau, zur Verfügung gestellt wurde, und die nach dem patentierten Verfahren eine besondere Wärmebehandlung erfahren hat. Ebenso verhält sich die in ähnlicher Weise hergestellte Fortisan-Faser der Celanese Corporation und schließlich zeigen auch sämtliche hochverstreck-

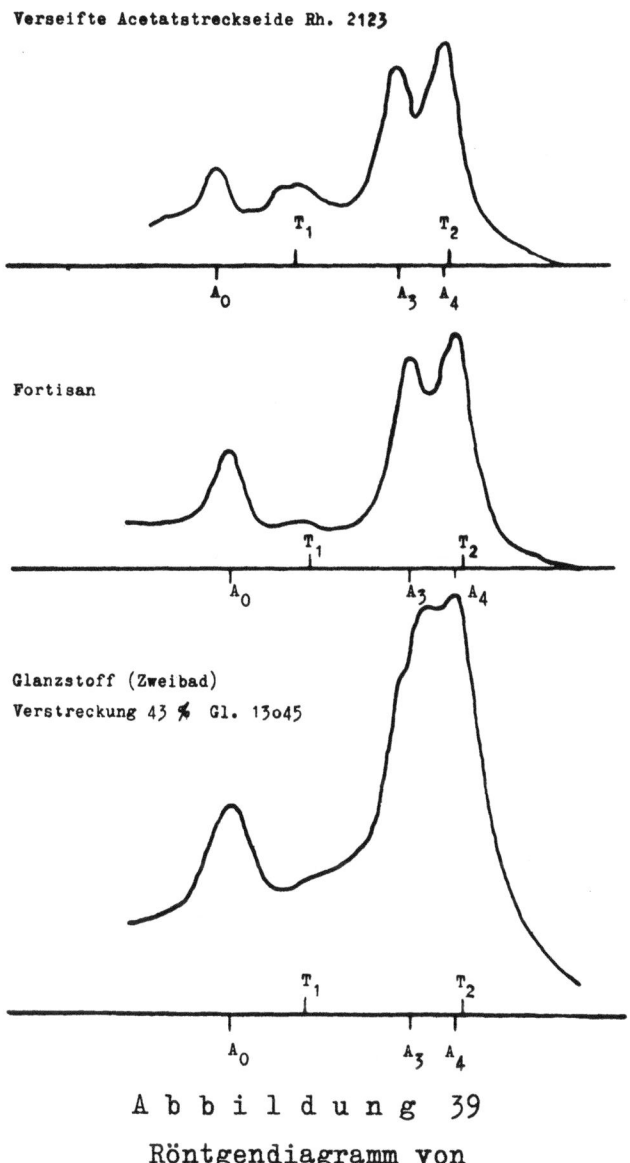

Abbildung 39
Röntgendiagramm von

a) verseifter Acetatstreckseide (Rhodiaceta)
b) der Fortisan-Faser (Celanese Corporation)
c) einer Zweibad-Viskosefaser (Sydowsaue)

ten Viskosefasern diese auf das Auftreten der Hochtemperaturmodifikation hindeutende Intensitätsumkehr des Doppelreflexes A_3, A_4. Diese Fasern aber sind stets im Zweibadverfahren gewonnen worden, wobei das zweite Bad eine Temperatur von 70 - 90°C hat. Abbildung 39 zeigt die Photometerkurven der Röntgendiagramme dieser drei Fasertypen nach unseren Faseraufnahmen. Daraus geht hervor, daß die Bildung der Hochtemperaturmodifikation tatsächlich schon bei niedrigeren Temperaturen und ohne Verwendung von hydroxylhaltigen Bädern vor sich geht, wenn die Wärmebehandlung in einem frühen Faserzustand durchgeführt wird, bei der Chemiekupferseide also im Blaufadenzustand, bei der Viskoseseide im zweiten Bad des Zweibadverfahrens und bei den verseiften Acetatstreckseiden vor oder während der Verseifung. Und es zeigt sich, daß es durchweg Fasern mit guten textilen Werten sind, die Anteile der Hochtemperaturmodifikation enthalten. Es ist aber wohl nicht anzunehmen, daß die Hochtemperaturmodifikation diese Eigenschaften bedingt. Dazu ist nach Aussage der Röntgendiagramme ihr Anteil in der Fasersubstanz zu klein. Doch scheint das Auftreten dieser Modifikation das Anzeichen einer Wärmebehandlung zu sein, die zu einer Verbesserung der Fasereigenschaften führt.

E. Schluß

1. Zusammenfassung

Die Ergebnisse der vorstehend beschriebenen Spinnversuche zur Strukturerforschung künstlicher Zellulosefasern können folgendermaßen zusammengefaßt werden:

a) Es wurde eine Versuchsspinnmaschine für das Streckspinnverfahren der Chemiekupferseide aufgestellt, die mit sicherer und in weiten Grenzen veränderlicher automatischer Regelung der zugeführten Lösungsmenge und der Menge und Temperatur des Fällwassers arbeitet. Dabei konnte der Lösungsdruck in der Spinnbrause gemessen und das Fadenprofil über die gesamte Länge des Trichters auf photographischem Wege bestimmt werden.

b) So konnten die "scheinbare Viskosität" der Lösung in der Spinnbrause und die "TROUTON-Viskosität" im Faden bestimmt und miteinander verglichen, sowie in ihrer Wirkung auf das Spinnprodukt erfaßt werden. Ebenso konnte die Aufweitung der Fäden nach dem Verlassen der Brause gemessen und damit das elastische Verhalten der Lösung in der Brause verfolgt und die Relaxationszeit der Spinnlösung bestimmt werden.

c) Dabei kamen Spinnbrausen zur Verwendung, die acht in einer Reihe angeordnete zylindrische Bohrungen von 0,3 mm Durchmesser enthielten. Die Länge der Bohrungen (Bodendicke der Brausen) und das Material der Brausen wurde variiert. Mit VA-Stahl Spinndüsen mit 0,15; 0,30 und 0,75 mm Länge, sowie Glasdüsen mit 0,30; 0,75; 1,50; 3,00 und 6,00 mm

Länge wurde ein Bereich des Verhältnisses von Düsenlänge zu Düsenradius von 1 bis 40 überdeckt.

d) Die Spinnlösungen zeigen in Kapillarrohren (L/R = ∞) abfallende Fließkurven, die von der statischen Viskosität η_0 (1770 Poise) mit wachsender Schubspannung abfallen und sich schließlich dem kleinen Werte η_∞ (100 Poise) annähern, der der vollständigen Parallelstellung der Zelluloseketten zur Strömungsrichtung entspricht. In den Spinndüsen aber ergaben sich scheinbare Viskositäten, die umso höher über den Kapillarwerten liegen, je kleiner das Verhältnis L/R der Düse ist. Sie liegen bei L/R = 40 mit 216 Poise ziemlich nahe am Kapillarwert 162 für den gleichen Durchsatz und steigen bis L/R = 1 auf 755 Poise an. Durch Variation des Durchsatzes und - zur Erhaltung des Fasertiters - entsprechend veränderter Spinngeschwindigkeit konnten mehrere Punkte der für verschiedene Werte von L/R gültigen Fließkurven erhalten werden.

e) Ferner zeigte sich eine Abhängigkeit der scheinbaren Viskosität vom Material der Spinndüsen. In den Glasdüsen wird die scheinbare Viskosität derselben Cuoxamspinnlösung bei gleichen Düsenabmessungen und gleicher Temperatur um 10 - 15 % höher gefunden als in Düsen aus VA-Stahl.

f) Weiter zeigen die Fadenprofile kurz hinter der Brause eine Aufweitung, deren Größe ebenfalls von dem Verhältnis L/R und vom Material der Düsen abhängt. Aus dem Auftreten dieser Aufweitungen und ihren mit abnehmendem L/R zunehmenden Beträgen folgt, daß die Zunahme der scheinbaren Viskosität in kurzen Düsen nicht nur daher rührt, daß die Strömungsorientierung noch nicht vollständig zur Ausbildung kommt, sondern daß vom Einlauf in die Düse her der Lösung innere Spannungen aufgeprägt wurden, die an ihrem Ende noch nicht völlig abgeklungen sind. Dieser restliche Teil ist umso größer, je kürzer die Düse und je größer der Durchsatz ist und führt dann zu entsprechend größeren Aufweitungen. Eine Änderung des Abzuges ohne entsprechende Änderung der Durchsatzmenge wirkt auf das Fadenprofil nicht ein; dadurch wird bewiesen, daß der Faden in den ersten Zentimetern hinter der Brause frei von äußeren Kräften (mit Ausnahme der Schwerkraft) ist.

g) Die Aufnahme der Profilaufweitungen in Abhängigkeit von der Verweilzeit der Lösung in der Brause führt zur Bestimmung der Relaxationszeit der Lösung. Diese mißt die Zeit, in der die aufgeprägten Spannungen auf den e^{ten} Teil oder 37 % abklingen, und charakterisiert das elastische Verhalten der Lösung. Sie wird für eine Cuoxamlösung in Metalldüsen zu 0,03 sec bestimmt; in Glasdüsen findet sie sich viermal größer. Da die Viskositätserhöhung bei Glas aber unabhängig von der Form der Düsen ist, kann dafür nur der Reibungsanteil $\eta = S/D$ verantwortlich sein. Der Spannungsanteil $\eta = G \cdot \tau$ dagegen muß unverändert, der erhöhten Relaxationszeit τ entsprechend, der Schubmodul G - der erhöhten Relaxationszeit τ entsprechend - also verkleinert sein. Das spricht für eine bessere Parallellagerung der Zelluloseketten der Cuoxamlösung am Glas als am Metall. Bei Viskosespinnlösungen tritt der umgekehrte Effekt auf.

h) Die Profilaufweitung verschwindet, wenn die Abmessungen der Düse genügen, um dieselbe scheinbare Viskosität zu ergeben wie eine Kapillare. Dann ist die von dem schnellen zeitlichen Anstieg der Schubspannung im Einlauf der Düse herrührende Spannung abgeklungen, an ihre Stelle aber eine ausgeprägte Strömungsorientierung getreten. Wie die jetzt fehlende Aufweitung beweist, zeigt diese aber keine Relaxation, oder zum mindesten ist ihre Relaxationszeit vielmals größer als die der elastischen Deformation.

i) Die aus dem Verlauf des Fadenprofils hinter der Aufweitung bestimmten TROUTON-Viskositäten fanden sich bei einer Spinngeschwindigkeit von 24 m/min mit den in den Düsen gemessenen scheinbaren Viskositäten vergleichbar. Durch Variation der Durchsatzmengen aber wurde nachgewiesen, daß den im oberen Trichterteil, in dem noch Einflüsse der Düsenabmessungen auf das Fadenprofil existieren, bestimmten TROUTON-Viskositäten keine physikalische Bedeutung zukommt. Das gilt auch für das Ende des Trichters, wo das Profil durch Diffusionsvorgänge verändert wird.

k) In dem mittleren Teil des Trichters aber gibt die Viskositätsbestimmung nach TROUTON einen Sinn, indem nach ELSAESSER in dem Gebiet der TROUTON-Viskosität 56 500 auftretende gleiche Zugspannungen auch gleiche Reißfestigkeiten ergeben. ELSAESSER nennt das durch diese TROUTON'sche Viskositätszahl gekennzeichnete Gebiet daher das für die Strukturbildung der Fasern optimale Gebiet oder den optimalen Koagulationszustand. Seine Bedeutung für die Vorgänge im Trichter konnte unabhängig von den mechanischen Betrachtungen von ELSAESSER dadurch nachgewiesen werden, daß Schlierenaufnahmen die Lage der Wirbelablösungszone genau an der Stelle ergaben, an der nach den ELSAESSER'schen Betrachtungen das optimale Koagulationsgebiet liegen soll.

l) Die Messung des Kupferaustausches im Spinntrichter ergab dazu, daß dieser sich auf ein relativ kurzes Stück im Trichter beschränkt und daß sein Einsatz ebenfalls gerade mit der Stelle zusammenfällt, für die die TROUTON'sche Methode eine Viskosität von 56 500 Poise ergibt.

m) Die röntgenographische Strukturuntersuchung der entstehenden Fäden des Streckspinnverfahrens macht in doppelter Beziehung Schwierigkeiten. Einmal ist der Übergang von der Lösung zum Blaufaden so kurz und plötzlich, daß Zwischenwerte nicht erfaßt werden können. Zum anderen verhindert der Kupfergehalt des Blaufadens durch sein hohes Streuvermögen den Nachweis von Interferenzen der Kupferzelluloseverbindung. Der abgesäuerte Faden dagegen zeigt die Interferenzen der Hydratzellulose. Doch treten beim ersten Trocknen des Fadens eingreifende Texturänderungen auf, die die Bedeutung dieses Vorganges für die Strukturbildung und damit für die Fasereigenschaften eindringlich beweisen.

n) Bei der Verwendung heißer verdünnter Schwefelsäure zur Beschleunigung des Absäuerns wird eine teilweise Umwandlung der Hydratzellulose (Zellulose II) in die Hochtemperaturmodifikation IV der Zellulose nachgewiesen. Andeutungen dieser Modifikation konnten in allen im noch nicht regenerierten Zustande warm behandelten Fasern nachgewiesen werden, so bei dem Continue-Reyon der American Bemberg Corporation, der Fortisanfaser der Celanese Corporation, der nach den neuen Patenten heiß verseiften Acetatstreckseide der Rhodiaceta A.G., sowie bei jedem im Zweibadverfahren (mit warmem zweitem Bade) hergestellten Viskose-Reyon.

o) Sehr aufschlußreich zeigte sich schließlich die röntgenographische Feinstrukturuntersuchung der mit den besprochenen verschiedenen Spinndüsen unter gleichzeitiger Messung der Viskosität gesponnenen Versuchsseiden. Die Bestimmung des Orientierungszustandes ergab Orientierungsgüten, die mit zunehmendem Verhältnis L/R der Düsen und mit abnehmender scheinbarer Viskosität der Lösung in den Düsen anwachsen. Wenn in der Viskositätsabnahme aber eine Zunahme der Strömungsorientierung erblickt und gleichzeitig eine bessere Orientierung der fertigen Fäden nachgewiesen werden kann, so ist dadurch die Wirkung der Lösungsstruktur bis hinein in die Struktur der fertigen Fäden bewiesen. Und die Feststellung, daß eine Lösung mit Strömungsorientierung keine nachweisbare Relaxation zeigt, macht dieses Ergebnis leicht verständlich.

p) Schwieriger zu deuten ist die Feststellung, daß die mit abnehmendem Verhältnis L/R der Düsen abnehmende Orientierungsgüte der Fäden bei ganz kleinen L/R-Werten plötzlich wieder stark zunimmt. Hier besteht ja nur eine elastische Deformation, deren Relaxationszeit zu 0,03 sec bestimmt wurde. Doch ist hinter der Stelle maximaler Aufweitung noch eine Länge von 8 cm im Trichter notwendig, ehe die Fadenprofile für alle Düsen übereinstimmen. Es gibt also ein ausgedehntes Gebiet, in dem die Fäden je nach den Düsen, aus denen sie stammen, noch verschiedene Spannungen enthalten, obwohl sie durch das an ihnen hängende eigene Gewicht schon stark verjüngt werden. Damit ist aber ein Zwang gegeben, der zur Erhaltung eines Teiles der Spannungen und Orientierungen führen kann, die die Lösung vom Einlaufvorgang her nach dem Passieren einer kurzen Düse noch enthält.

2. Ausblick

Alle diese Versuche wurden unter Bedingungen angestellt, die von den Betriebsbedingungen bezüglich der Zahl der Einzelfäden und der Spinngeschwindigkeit stark abweichen. Bei Fortführung der Versuche wird es also die Aufgabe sein, unter allmählicher Annäherung an diese Bedingungen, deren Fadenzahl und Spinngeschwindigkeit aus wirtschaftlichen Gründen nicht vermindert werden darf, zu prüfen, wie weit die hier gefundenen Zusammenhänge sich dann noch bewähren.

Prof. Dr. W. K A S T , Krefeld

F. Literaturverzeichnis

1. V. ELSAESSER
Die mechanischen Vorgänge beim Spinnprozeß des Kupferkunstseide-Streckspinnverfahrens

Kolloid-Zeitschrift Band 111, S. 174 (1948)
Band 112, S. 12o (1949)
Band 113, S. 37 (1949)

2. G. KREBS
Der Spinnvorgang an der techn. Spinnmaschine
I. Röntgenographische Untersuchung des Spinnprozesses u. Ermittlung d. Verstreckungskurven

Kolloid-Zeitschrift Band 98, S. 2oo (1942)

3. W. KAST
Feinstrukturuntersuchungen an künstlichen Zellulosefasern verschiedener Herstellungsverfahren

Forschungsbericht des Ministeriums für Wirtschaft u. Verkehr des Landes Nordrhein-Westfalen Nr. 35 (28.2.53)

4. K. HESS u. H. KIESSIG
Zur Kenntnis der Hochtemperaturmodifikation der Zellulose (Zellulose IV)

Zeitschrift für physikalische Chemie Abt. B,
Band 49, S. 235 (1941)

5. P.H. HERMANS u. A. WEIDINGER
On the Transformation of Cellulose II into Cellulose IV

Journal of Colloid Science,
Band 1, S. 495 (1946)

FORSCHUNGSBERICHTE DES WIRTSCHAFTS- UND VERKEHRSMINISTERIUMS NORDRHEIN-WESTFALEN

Herausgegeben von Staatssekretär Prof. Leo Brandt

Heft 1:
Prof. Dr.-Ing. Eugen Flegler, Aachen
Untersuchungen oxydischer Ferromagnet-Werkstoffe

Heft 2:
Prof. Dr. phil. Walter Fuchs, Aachen
Untersuchungen über absatzfreie Teeröle

Heft 3:
Techn.-Wissenschaftl. Büro für die Bastfaserindustrie, Bielefeld
Untersuchungsarbeiten zur Verbesserung des Leinenwebstuhls

Heft 4:
Prof. Dr. E. A. Müller u. Dipl.-Ing. H. Spitzer, Dortmund
Untersuchungen über die Hitzebelastung in Hüttenbetrieben

Heft 5:
Dipl.-Ing. Werner Fister, Aachen
Prüfstand der Turbinenuntersuchungen

Heft 6:
Prof. Dr. phil. Walter Fuchs, Aachen
Untersuchungen über die Zusammensetzung und Verwendbarkeit von Schwelteerfraktionen

Heft 7:
Prof. Dr. phil. Walter Fuchs, Aachen
Untersuchungen über emsländisches Petrolatum

Heft 8:
Maria Elisabeth Meffert und Heinz Stratmann, Essen
Algen-Großkulturen im Sommer 1951

Heft 9:
Techn.-Wissenschaftl. Büro für die Bastfaserindustrie, Bielefeld
Untersuchungen über die zweckmäßige Wicklungsart von Leinengarnkreuzspulen unter Berücksichtigung der Anwendung hoher Geschwindigkeiten des Garnes
Vorversuche für Zetteln und Schären von Leinengarnen auf Hochleistungsmaschinen

Heft 10:
Prof. Dr. Wilhelm Vogel, Köln
„Das Streifenpaar" als neues System zur mechanischen Vergrößerung kleiner Verschiebungen und seine technischen Anwendungsmöglichkeiten

Heft 11:
Laboratorium für Werkzeugmaschinen und Betriebslehre, Technische Hochschule Aachen
1. Untersuchungen über Metallbearbeitung im Fräsvorgang mit Hartmetallwerkzeugen und negativem Spanwinkel
2. Weiterentwicklung des Schleifverfahrens für die Herstellung von Präzisionswerkstücken unter Vermeidung hoher Temperaturen
3. Untersuchung von Oberflächenveredlungsverfahren zur Steigerung der Belastbarkeit hochbeanspruchter Bauteile

Heft 12:
Elektrowärme-Institut, Langenberg (Rhld.)
Induktive Erwärmung mit Netzfrequenz

Heft 13:
Techn.-Wissenschaftl. Büro für die Bastfaserindustrie, Bielefeld
Das Naßspinnen von Bastfasergarnen mit chemischen Zusätzen zum Spinnbad

Heft 14:
Forschungsstelle für Acetylen, Dortmund
Untersuchungen über Aceton als Lösungsmittel für Acetylen

Heft 15:
Wäschereiforschung Krefeld
Trocknen von Wäschestoffen

Heft 16:
Max-Planck-Institut für Kohlenforschung, Mülheim a. d. Ruhr
Arbeiten des MPI für Kohlenforschung

Heft 17:
Ingenieurbüro Herbert Stein, M. Gladbach
Untersuchung der Verzugsvorgänge in den Streckwerken verschiedener Spinnereimaschinen. 1. Bericht: Vergleichende Prüfung mit verschiedenen Dickenmeßgeräten

Heft 18:
Wäschereiforschung Krefeld
Grundlagen zur Erfassung der chemischen Schädigung beim Waschen

Heft 19:
Techn.-Wissenschaftl. Büro für die Bastfaserindustrie, Bielefeld
Die Auswirkung des Schlichtens von Leinengarnketten auf den Verarbeitungswirkungsgrad, sowie die Festigkeits- und Dehnungsverhältnisse der Garne und Gewebe

Heft 20:
Techn.-Wissenschaftl. Büro für die Bastfaserindustrie, Bielefeld
Trocknung von Leinengarnen I
Vorgang und Einwirkung auf die Garnqualität

Heft 21:
Techn.-Wissenschaftl. Büro für die Bastfaserindustrie, Bielefeld
Trocknung von Leinengarnen II
Spulenanordnung und Luftführung beim Trocknen von Kreuzspulen

Heft 22:
Techn.-Wissenschaftl. Büro für die Bastfaserindustrie, Bielefeld
Die Reparaturanfälligkeit von Webstühlen

Heft 23:
Institut für Starkstromtechnik, Aachen
Rechnerische und experimentelle Untersuchungen zur Kenntnis der Metadyne als Umformer von konstanter Spannung auf konstanten Strom

Heft 24:
Institut für Starkstromtechnik, Aachen
Vergleich verschiedener Generator-Metadyne-Schaltungen in bezug auf statisches Verhalten

Heft 25:
Gesellschaft für Kohlentechnik mbH., Dortmund-Eving
Struktur der Steinkohlen und Steinkohlen-Kokse

Heft 26:
Techn.-Wissenschaftl. Büro für die Bastfaserindustrie, Bielefeld
Vergleichende Untersuchungen zweier neuzeitlicher Ungleichmäßigkeitsprüfer für Bänder und Garne hinsichtlich ihrer Eignung für die Bastfaserspinnerei

Heft 27:
Prof. Dr. E. Schratz, Münster
Untersuchungen zur Rentabilität des Arzneipflanzenanbaues
Römische Kamille, Anthemis nobilis L.

Heft 28:
Prof. Dr. E. Schratz, Münster
Calendula officinalis L.
Studien zur Ernährung, Blütenfüllung und Rentabilität der Drogengewinnung

Heft 29:
Techn.-Wissenschaftl. Büro für die Bastfaserindustrie, Bielefeld
Die Ausnützung der Leinengarne in Geweben

Heft 30:
Gesellschaft für Kohlentechnik mbH., Dortmund-Eving
Kombinierte Entaschung und Verschwelung von Steinkohle; Aufarbeitung von Steinkohlenschlämmen zu verkokbarer oder verschwelbarer Kohle

Heft 31:
Dipl.-Ing. Störmann, Essen
Messung des Leistungsbedarfs von Doppelsteg-Kettenförderern

Heft 32:
Techn.-Wissenschaftl. Büro für die Bastfaserindustrie, Bielefeld
Der Einfluß der Natriumchloridbleiche auf Qualität und Verwebbarkeit von Leinengarnen und die Eigenschaften der Leinengewebe unter besonderer Berücksichtigung des Einsatzes von Schützen- und Spulenwechselautomaten in der Leinenweberei

Heft 33:
Kohlenstoffbiologische Forschungsstation e. V.
Eine Methode zur Bestimmung von Schwefeldioxyd und Schwefelwasserstoff in Rauchgasen und in der Atmosphäre

Heft 34:
Textilforschungsanstalt Krefeld
Quellungs- und Entquellungsvorgänge bei Faserstoffen

Heft 35:
Professor Dr. Wilhelm Kast, Krefeld
Feinstrukturuntersuchungen an künstlichen Zellulosefasern verschiedener Herstellungsverfahren

Heft 36:
Forschungsinstitut der feuerfesten Industrie, Bonn
Untersuchungen über die Trocknung von Rohton. Untersuchungen über die chemische Reinigung von Silika- und Schamotte-Rohstoffen mit chlorhaltigen Gasen

Heft 37:
Forschungsinstitut der feuerfesten Industrie, Bonn
Untersuchungen über den Einfluß der Probenvorbereitung auf die Kaltdruckfestigkeit feuerfester Steine

Heft 38:
Forschungsstelle für Acetylen, Dortmund
Untersuchungen über die Trocknung von Acetylen zur Herstellung von Dissousgas

Heft 39:
Forschungsgesellschaft Blechverarbeitung e. V., Düsseldorf
Untersuchungen an prägegemusterten und vorgelochten Blechen

Heft 40:
Landesgeologe Dr.-Ing. W. Wolff, Amt für Bodenforschung, Krefeld
Untersuchungen über die Anwendbarkeit geophysikalischer Verfahren zur Untersuchung von Spateisengängen im Siegerland

Heft 41:
Techn.-Wissenschaftl. Büro für die Bastfaserindustrie, Bielefeld
Untersuchungsarbeiten zur Verbesserung des Leinenwebstuhles II

Heft 42:
Professor Dr. Burckhardt Helferich, Bonn
Untersuchungen über Wirkstoffe — Fermente — in der Kartoffel und die Möglichkeit ihrer Verwendung

Heft 43:
Forschungsgesellschaft Blechverarbeitung e. V., Düsseldorf
Forschungsergebnisse über das Beizen von Blechen

Heft 44:
Arbeitsgemeinschaft für praktische Dehnungsmessung, Düsseldorf
Eigenschaften und Anwendungen von Dehnungsmeßstreifen

Heft 45:
Losenhausenwerk Düsseldorfer Maschinenbau AG., Düsseldorf
Untersuchungen von störenden Einflüssen auf die Lastgrenzenanzeige von Dauerschwingprüfmaschinen

Heft 46:
Professor Dr. phil. W. Fuchs, Aachen
Untersuchungen über die Aufbereitung von Wasser für die Dampferzeugung in Benson-Kesseln

Heft 47:
Prof. Dr.-Ing. habil. Karl Krekeler, Aachen
Versuche über die Anwendung der induktiven Erwärmung zum Sintern von hochschmelzenden Metallen sowie zur Anlegierung und Vergütung von aufgespritzten Metallschichten mit dem Grundwerkstoff.

Heft 48:
Max-Planck-Institut für Eisenforschung, Düsseldorf
Spektrochemische Analyse der Gefügebestandteile in Stählen nach ihrer Isolierung

Heft 49:
Max-Planck-Institut für Eisenforschung, Düsseldorf
Untersuchungen über Ablauf der Desoxydation und die Bildung von Einschlüssen in Stählen

Heft 50:
Max-Planck-Institut für Eisenforschung, Düsseldorf
Flammenspektralanalytische Untersuchung der Ferritzusammensetzung in Stählen

Heft 51:
Verein zur Förderung von Forschungs- und Entwicklungsarbeiten in der Werkzeugindustrie e. V., Remscheid
Untersuchungen an Kreissägeblättern für Holz, Fehler- und Spannungsprüfverfahren

Heft 52:
Forschungsstelle für Azetylen, Dortmund
Untersuchungen über den Umsatz bei der explosiblen Zersetzung von Azetylen
 a) Zersetzung von gasförmigem Azetylen,
 b) Zersetzung von an Silikagel adsorbiertem Azetylen

Heft 53:
Professor Dr.-Ing. H. Opitz, Aachen
Reibwert- und Verschleißmessungen an Kunststoffgleitführungen für Werkzeugmaschinen

Heft 54:
Professor Dr.-Ing. habil. F. A. F. Schmidt, Aachen
Schaffung von Grundlagen für die Erhöhung der spez. Leistung und Herabsetzung des spez. Brennstoffverbrauches bei Ottomotoren mit Teilbericht über Arbeiten an einem neuen Einspritzverfahren

Heft 55:
Forschungsgesellschaft Blechverarbeitung, Düsseldorf
Chemisches Glänzen von Messing und Neusilber

Heft 56:
Forschungsgesellschaft Blechverarbeitung, Düsseldorf
Untersuchungen über einige Probleme der Behandlung von Blechoberflächen

Heft 57:
Prof. Dr.-Ing. habil. F. A. F. Schmidt, Aachen
Untersuchungen zur Erforschung des Einflusses des chemischen Aufbaues des Kraftstoffes auf sein Verhalten im Motor und in Brennkammern von Gasturbinen.

Heft 58:
Gesellschaft für Kohlentechnik m. b. H., Dortmund
Herstellung und Untersuchung von Steinkohlenschwelteer.

Heft 59:
Forschungsinstitut der Feuerfest-Industrie, Bonn
Ein Schnellanalysenverfahren zur Bestimmung von Aluminiumoxyd, Eisenoxyd und Titanoxyd in feuerfestem Material mittels organischer Farbreagenzien auf photometrischem Wege
Untersuchungen des Alkali-Gehaltes feuerfester Stoffe mit dem Flammenphotometer nach Riehm-Lange

Heft 60:
Forschungsgesellschaft Blechverarbeitung e. V., Düsseldorf
Untersuchungen über das Spritzlackieren im elektrostatischen Hochspannungsfeld

Heft 61:
Verein zur Förderung von Forschungs- und Entwicklungsarbeiten in der Werkzeugindustrie e. V., Remscheid
Schwingungs- und Arbeitsverhalten von Kreissägeblättern für Holz

Heft 62:
Professor Dr. W. Franz, Institut für theoretische Physik der Universität Münster
Berechnung des elektrischen Durchschlags durch feste und flüssige Isolatoren

Heft 63:
Textilforschungsanstalt Krefeld
Neue Methoden zur Untersuchung der Wirkungsweise von Textilhilfsmitteln
Untersuchungen über Schlichtungs- und Entschlichtungsvorgänge

Heft 64:
Textilforschungsanstalt Krefeld
Die Kettenlängenverteilung von hochpolymeren Faserstoffen
Über die fraktionierte Fällung von Polyamiden

Heft 65:
Fachverband Schneidwarenindustrie, Solingen
Untersuchungen über das elektrolytische Polieren von Tafelmesserklingen aus rostfreiem Stahl

Heft 66:
Dr.-Ing. Peter Füsgen VDI †, Düsseldorf
Untersuchungen über das Auftreten des Ratterns bei selbsthemmenden Schneckengetrieben und seine Verhütung

Heft 67:
Heinrich Wösthoff o. H. G., Apparatebau, Bochum
Entwicklung einer chemisch-physikalischen Apparatur zur Bestimmung kleinster Kohlenoxyd-Konzentrationen

Heft 68:
Kohlenstoffbiologische Forschungsstation e. V., Essen
Algengroßkulturen im Sommer 1952
II. Über die unsterile Großkultur von Scenedesmus obliquus

Heft 69:
Wäschereiforschung Krefeld
Bestimmung des Faserabbaues bei Leinen unter besonderer Berücksichtigung der Leinengarnbleiche

Heft 70:
Wäschereiforschung Krefeld
Trocknen von Wäschestoffen

Heft 71:
Prof. Dr.-Ing. K. Leist, Aachen
Kleingasturbinen, insbesondere zum Fahrzeugantrieb

Heft 72:
Prof. Dr.-Ing. K. Leist, Aachen
Beitrag zur Untersuchung von stehenden geraden Turbinengittern mit Hilfe von Druckverteilungsmessungen

Heft 73:
Prof. Dr.-Ing. K. Leist, Aachen
Spannungsoptische Untersuchungen von Turbinenschaufelfüßen

Heft 74:
Max-Planck-Institut für Eisenforschung, Düsseldorf
Versuche zur Klärung des Umwandlungsverhaltens eines sonderkarbidbildenden Chromstahls

Heft 75:
Max-Planck-Institut für Eisenforschung, Düsseldorf
Zeit-Temperatur-Umwandlungs-Schaubilder als Grundlage der Wärmebehandlung der Stähle

Heft 76:
Max-Planck-Institut für Arbeitsphysiologie, Dortmund
Arbeitstechnische und arbeitsphysiologische Rationalisierung von Mauersteinen

Heft 77:
Meteor Apparatebau Paul Schmeck G. m. b. H., Siegen
Entwicklung von Leuchtstoffröhren hoher Leistung

Heft 78:
Forschungsstelle für Acetylen, Dortmund
Über die Zustandsgleichung des gasförmigen Acetylens und das Gleichgewicht Acetylen—Aceton

Heft 79:
Techn.-Wissenschaftl. Büro für die Bastfaserindustrie, Bielefeld
Trocknung von Leinengarnen III
Spinnspulen- und Spinnkopstrocknung
Vorgang und Einwirkung auf die Garnqualität

Heft 80:
Techn.-Wissenschaftl. Büro für die Bastfaserindustrie, Bielefeld
Die Verarbeitung von Leinengarn auf Webstühlen mit und ohne Oberbau

Heft 81:
Prüf- und Forschungsinstitut für Ziegeleierzeugnisse, Essen-Kray
Die Einführung des großformatigen Einheits-Gitterziegels im Lande Nordrhein-Westfalen

Heft 82:
Vereinigte Aluminium-Werke AG., Bonn
Forschungsarbeiten auf dem Gebiet der Veredelung von Aluminium-Oberflächen

Heft 83:
Prof. Dr. S. Strugger, Münster
Über die Struktur der Proplastiden

Heft 84:
Dr. med. habil., Dr. phil. H. Baron, Düsseldorf
Über Standardisierung von Wundtextilien

Heft 85:
Textilforschungsanstalt Krefeld
Physikalische Untersuchungen an Fasern, Fäden, Garnen und Geweben:
Untersuchungen am Knickscheuergerät nach Weltzien

Heft 86:
Professor Dr.-Ing. H. Opitz, Aachen
Untersuchungen über das Fräsen von Baustahl sowie über den Einfluß des Gefüges auf die Zerspanbarkeit

Heft 87:
Gemeinschaftsausschuß Verzinken, Düsseldorf
Untersuchungen über Güte von Verzinkungen

Heft 88:
Gesellschaft für Kohlentechnik mbH., Dortmund-Eving
Oxydation von Steinkohle mit Salpetersäure

Heft 89:
Verein Deutscher Ingenieure, Gleitlagerforschung, Düsseldorf und Prof. Dr.-Ing. G. Vogelpohl, Göttingen
Versuche mit Preßstoff-Lagern für Walzwerke

Heft 90:
Forschungs-Institut der Feuerfest-Industrie, Bonn
Das Verhalten von Silikasteinen im Siemens-Martin-Ofengewölbe

Heft 91:
Forschungs-Institut der Feuerfest-Industrie, Bonn
Untersuchungen des Zusammenhangs zwischen Leistung und Kohlenverbrauch von Kammeröfen zum Brennen von feuerfesten Materialien

Heft 92:
Techn.-Wissenschaftl. Büro für die Bastfaserindustrie, Bielefeld und Laboratorium für textile Meßtechnik, M.-Gladbach
Messungen von Vorgängen am Webstuhl

Heft 93:
Prof. Dr. W. Kast, Krefeld
Spinnversuche zur Strukturerfassung künstlicher Zellulosefasern

Heft 94:
Prof. Dr. phil. habil. G. Winter, Bonn
Die Heilpflanzen des MATTHIOLUS (1611) gegen Infektionen der Harnwege und Verunreinigung der Wunden bzw. zur Förderung der Wundheilung im Lichte der Antibiotikaforschung

Heft 95:
Prof. Dr. phil. habil. G. Winter, Bonn
Untersuchungen über die flüchtigen Antibiotika aus der Kapuziner- (Tropaeolum maius) und Gartenkresse (Lepidium sativum) und ihr Verhalten im menschlichen Körper bei Aufnahme von Kapuziner- bzw. Gartenkressensalat per os

Heft 96:
Dr.-Ing. P. Koch, Dortmund
Austritt von Exoelektronen aus Metalloberflächen unter Berücksichtigung der Verwendung des Effektes für die Materialprüfung

Heft 97:
Ing. H. Stein, M.-Gladbach
Laboratorium für textile Meßtechnik
Untersuchung der Verzugsvorgänge an den Streckwerken verschiedener Spinnereimaschinen
2. Bericht: Ermittlung der Haft-Gleiteigenschaften von Faserbändern und Vorgarnen

Heft 98:
Fachverband Gesenkschmieden, Hagen
Die Arbeitsgenauigkeit beim Gesenkschmieden unter Hämmern

Heft 99:
Prof. Dr.-Ing. G. Garbotz, Aachen
Der Kraft- und Arbeitsaufwand sowie die Leistungen beim Biegen von Bewehrungsstählen in Abhängigkeit von den Abmessungen, den Formen und der Güte der Stähle (Ermittlung von Leistungsrichtlinien)

Heft 100:
Prof. Dr.-Ing. H. Opitz, Aachen
Untersuchungen von elektrischen Antrieben, Steuerungen und Regelungen an Werkzeugmaschinen

VERÖFFENTLICHUNGEN DER ARBEITSGEMEINSCHAFT FÜR FORSCHUNG DES LANDES NORDRHEIN-WESTFALEN

Im Auftrage des Ministerpräsidenten Karl Arnold

Herausgegeben von Staatssekretär Prof. Leo Brandt

Heft 1:
Prof. Dr.-Ing. Friedrich Seewald, Technische Hochschule Aachen
Neue Entwicklungen auf dem Gebiete der Antriebsmaschinen
Prof. Dr.-Ing. Friedrich A. F. Schmidt, Technische Hochschule Aachen
Technischer Stand und Zukunftsaussichten der Verbrennungsmaschinen, insbesondere der Gasturbinen
Dr.-Ing. R. Friedrich, Siemens-Schuckert-Werke A.-G., Mülheimer Werk
Möglichkeiten und Voraussetzungen der industriellen Verwertung der Gasturbine

Heft 2:
Prof. Dr.-Ing. Wolfgang Riezler, Universität Bonn
Probleme der Kernphysik
Prof. Dr. phil. Fritz Micheel, Universität Münster,
Isotope als Forschungsmittel in der Chemie und Biochemie

Heft 3:
Prof. Dr. med. Emil Lehnartz, Universität Münster
Der Chemismus der Muskelmaschine
Prof. Dr. med. Gunther Lehmann, Direktor des Max-Planck-Instituts für Arbeitsphysiologie, Dortmund
Physiologische Forschung als Voraussetzung der Bestgestaltung der menschlichen Arbeit
Prof. Dr. Heinrich Kraut, Max-Planck-Institut für Arbeitsphysiologie, Dortmund
Ernährung und Leistungsfähigkeit

Heft 4:
Prof. Dr. Franz Wever, Max-Planck-Institut für Eisenforschung, Düsseldorf
Aufgaben der Eisenforschung
Prof. Dr.-Ing. Hermann Schenck, Technische Hochschule Aachen
Entwicklungslinien des deutschen Eisenhüttenwesens
Prof. Dr.-Ing. Max Haas, Techn. Hochschule Aachen
Wirtschaftliche und technische Bedeutung der Leichtmetalle und ihre Entwicklungsmöglichkeiten

Heft 5:
Prof. Dr. med. Walter Kikuth, Medizinische Akademie Düsseldorf
Virusforschung
Prof. Dr. Rolf Danneel, Universität Bonn
Fortschritte der Krebsforschung
Prof. Dr. med. Dr. phil. W. Schulemann, Univ. Bonn
Wirtschaftliche und organisatorische Gesichtspunkte für die Verbesserung unserer Hochschulforschung

Heft 6:
Prof. Dr. Walter Weizel, Institut für theoretische Physik, Bonn
Die gegenwärtige Situation der Grundlagenforschung in der Physik
Prof. Dr. Siegfried Strugger, Universität Münster
Das Duplikantenproblem in der Biologie
Prof. Dr. Rolf Danneel, Universität Bonn
Über das Verhalten der Mitochondrien bei der Mitose der Mesenchymzellen des Hühner-Embryos
Direktor Dr. Fritz Gummert, Ruhrgas A.-G., Essen
Überlegungen zu den Faktoren Raum und Zeit im biologischen Geschehen und Möglichkeiten einer Nutzanwendung

Heft 7:
Prof. Dr.-Ing. August Götte, Technische Hochschule Aachen
Steinkohle als Rohstoff und Energiequelle
Prof. Dr. e. h. Karl Ziegler, Max-Planck-Institut für Kohlenforschung Mülheim a. d. Ruhr
Über Arbeiten des Max-Planck-Instituts für Kohlenforschung

Heft 8:
Prof. Dr.-Ing. Wilhelm Fucks, Technische Hochschule Aachen
Die Naturwissenschaft, die Technik und der Mensch
Prof. Dr. sc. pol. Walther Hoffmann, Universität Münster
Wirtschaftliche und soziologische Probleme des technischen Fortschritts

Heft 9:
Prof. Dr.-Ing. Franz Bollenrath, Technische Hochschule Aachen
Zur Entwicklung warmfester Werkstoffe
Dr. Heinrich Kaiser, Staatl. Materialprüfungsamt Dortmund
Stand spektralanalytischer Prüfverfahren und Folgerung für deutsche Verhältnisse

Heft 10:
Prof. Dr. Hans Braun, Universität Bonn
Möglichkeiten und Grenzen der Resistenzzüchtung
Prof. Dr.-Ing. Carl Heinrich Dencker, Universität Bonn
Der Weg der Landwirtschaft von der Energieautarkie zur Fremdenergie

Heft 11:
Prof. Dr.-Ing. Herwart Opitz, Technische Hochschule Aachen
Entwicklungslinien der Fertigungstechnik in der Metallbearbeitung
Prof. Dr.-Ing. Karl Krekeler, Technische Hochschule Aachen
Stand und Aussichten der schweißtechnischen Fertigungsverfahren

Heft: 12
Dr. Hermann Rathert, Mitglied des Vorstandes der Vereinigten Glanzstoff-Fabriken A.-G., Wuppertal-Elberfeld
Entwicklung auf dem Gebiet der Chemiefaser-Herstellung
Prof. Dr. Wilhelm Weltzien, Direktor der Textilforschungsanstalt Krefeld
Rohstoff und Veredlung in der Textilwirtschaft

Heft: 13
Dr.-Ing. e. h. Karl Herz, Chefingenieur im Bundesministerium für das Post- und Fernmeldewesen Frankfurt a. Main
Die technischen Entwicklungstendenzen im elektrischen Nachrichtenwesen
Ministerialdirektor Dipl.-Ing. Leo Brandt, Düsseldorf
Navigation und Luftsicherung

Heft 14:
Prof. Dr. Burckhardt Helferich, Universität Bonn
Stand der Enzymchemie und ihre Bedeutung
Prof. Dr. med. Hugo W. Knipping, Direktor der Med. Universitätsklinik Köln
Ausschnitt aus der klinischen Carcinomforschung am Beispiel des Lungenkrebses

Heft 15:
Prof. Dr. Abraham Esau, Technische Hochschule Aachen
Die Bedeutung von Wellenimpulsverfahren in Technik und Natur
Prof. Dr.-Ing. Eugen Flegler, Technische Hochschule Aachen
Die ferromagnetischen Werkstoffe in der Elektrotechnik und ihre neueste Entwicklung

Heft 16:
Prof. Dr. rer. pol. Rudolf Seyffert, Universität Köln
Die Problematik der Distribution
Prof. Dr. rer. pol. Theodor Beste, Universität Köln
Der Leistungslohn

Heft 17:
Prof. Dr.-Ing. Friedrich Seewald, Technische Hochschule Aachen
Die Flugtechnik und ihre Bedeutung für den allgemeinen technischen Fortschritt
Prof. Dr.-Ing. Edouard Houdremont, Essen
Art und Organisation der Forschung in einem Industriekonzern

Heft 18:
Prof. Dr. med. Dr. phil. W. Schulemann, Universität Bonn
Theorie und Praxis pharmakologischer Forschung
Prof. Dr. Wilhelm Groth, Direktor des Physikalisch-Chemischen Instituts, Universität Bonn
Technische Verfahren zur Isotopentrennung

Heft 19:
Dipl.-Ing. Kurt Traenckner, Stellvertr. Vorstandsmitglied der Ruhrgas-A.G., Essen
Entwicklungstendenzen der Gaserzeugung

Heft 20:
M. Zvegintzov
Wissenschaftliche Forschung und die Auswertung ihrer Ergebnisse. Ziel und Tätigkeit der National Research Development Corporation
Dr. Alexander King, Department of Scientific & Industrial Research, London
Wissenschaft und internationale Beziehungen

Heft 21:
Prof. Dr. phil. Robert Schwarz, Aachen
Wesen und Bedeutung der Silicium-Chemie
Prof. Dr. Kurt Alder, Universität Köln
Fortschritte in der Synthese von Kohlenstoffverbindungen

Heft 21 a
Jahresfeier der Arbeitsgemeinschaft für Forschung des Landes Nordrhein-Westfalen am 21.5.1952 in Düsseldorf mit Ansprachen des Herrn Bundespräsidenten Professor Dr. Theodor Heuss, des Herrn Ministerpräsidenten Arnold, Frau Kultusminister Teusch, der Herren Professor Dr. Hahn, Professor Dr. Strugger, Vizepräsident Dobbert, Professor Dr. Richter, Professor Dr. Fucks.

Heft 22:
Prof. Dr. Johannes von Allesch, Universität Göttingen
Die Bedeutung der Psychologie im öffentlichen Leben
Prof. Dr. med. Otto Graf, Max-Planck-Institut für Arbeitsphysiologie, Dortmund
Triebfedern menschlicher Leistung

Heft 23:
Prof. Dr. phil. Dr. jur. h. c. Bruno Kuske, Universität Köln
Probleme der Raumforschung
Prof. Dr. Dr.-Ing. e. h. Prager
Städtebau und Landesplanung

Heft 24:
Prof. Dr. Rolf Danneel, Universität Bonn
Über die Wirkungsweise der Erbfaktoren
Prof. Dr. K. Herzog, Medizinische Akademie Düsseldorf
Bewegungsbedarf der menschlichen Gliedmaßengelenke bei der Berufsarbeit

Heft 25:
Prof. Dr. O. Haxel, Heidelberg
Energiegewinnung aus Kernprozessen
Dr. Dr. Max Wolf, Düsseldorf
Gegenwartsprobleme der energiewirtschaftlichen Forschung

Heft 26:
Prof. Dr. Friedrich Becker, Universität Bonn
Ultrakurzwellen aus dem Weltraum, ein neues Forschungsgebiet der Astronomie
Dozent Dr. H. Straßl, Bonn
Bemerkenswerte Doppelsterne und das Problem der Sternentwicklung

Heft 27:
Prof. Dr. Heinrich Behnke, Universität Münster
Der Strukturwandel der Mathematik in der ersten Hälfte des 20. Jahrhunderts
Prof. Dr. E. Sperner, Bonn
Eine mathematische Analyse der Luftdruckverteilungen in großen Gebieten

Heft 28:
Prof. Dr. O. Niemczyk, Aachen
Die Problematik gebirgsmechanischer Vorgänge im Steinkohlenbergbau
Prof. Dr. W. Ahrens, Krefeld
Die Bedeutung geologischer Forschung für die Wirtschaft, besonders in Nordrhein-Westfalen

Heft 29:
Prof. Dr. B. Rensch, Münster
Das Problem der Residuen bei Lernleistungen
Prof. Dr. H. Fink, Köln
Über Leberschäden bei der Bestimmung des biologischen Wertes verschiedener Eiweiße von Mikroorganismen

Heft 30:
Prof. Dr.-Ing. F. Seewald, Aachen
Forschungen auf dem Gebiete der Aerodynamik
Prof. Dr.-Ing. K. Leist, Aachen
Forschungen in der Gasturbinentechnik

Heft 31:
Direktor Dr. F. Mietzsch, Wuppertal
Chemie und wirtschaftliche Bedeutung der Sulfonamide
Prof. Dr. G. Domagk, Wuppertal
Die experimentellen Grundlagen der Chemotherapie der bakteriellen Infektionen

Heft 32:
Prof. Dr. Hans Braun, Universität Bonn
Die Verschleppung von Pflanzenkrankheiten und -schädlingen über die Welt
Prof. Dr. Wilhelm Rudorf, Max-Planck-Institut für Züchtungsforschung, Voldagsen
Der Beitrag von Genetik und Züchtung zur Bekämpfung von Viruskrankheiten der Nutzpflanzen

Heft 33:
Prof. Dr.-Ing. V. Aschoff, Aachen
Probleme der elektroakustischen Einkanalübertragung
Prof. Dr.-Ing. H. Döring, Aachen
Erzeugung und Verstärkung von Mikrowellen

Heft 34:
Geheimrat Prof. Dr. Rudolf Schenck, Aachen
Bedingungen und Gang der Kohlenhydratsynthese im Licht
Prof. Dr. Emil Lehnartz, Universität Münster
Die Endstufen des Stoffabbaus im Organismus

Heft 35:
Prof. Dr.-Ing. H. Schenk, Aachen
Gegenwartsprobleme der Eisenindustrie in Deutschland
Prof. Dr.-Ing. E. Piwowarsky, Aachen
Gelöste und ungelöste Probleme des Gießereiwesens

Heft 36:
Prof. Dr. W. Riezler, Bonn
Teilchenbeschleuniger
Prof. Dr. med. G. Schubert, Hamburg
Anwendung neuer Strahlenquellen in der Krebstherapie

Heft 37:
Prof. Dr. F. Lotze, Münster
Probleme der Gebirgsbildung
Bergwerksdirektor Bergassessor a. D. Rauschenbach, Essen
Die Erhaltung der Förderungskapazität des Ruhrbergbaues auf lange Sicht

Heft 38:
Dr. E. C. Cherry, D. Sc., A.M.I.E.E., London
Cybernetics
Prof. Dr. E. Pietsch, Clausthal-Zellerfeld
Dokumentation und mechanisches Gedächtnis — zur Frage der Ökonomie der geistigen Arbeit

Heft 39:
Dr. H. Haase, Hamburg
Infrarot und seine technischen Anwendungen
Prof. Dr. A. Esau, Aachen
Die Bedeutung des Ultraschalls für technische Anwendungsgebiete

Heft 40:
Bergassessor F. Lange, Bochum-Hordel
Die wissenschaftliche und soziale Bedeutung der Silikose im Bergbau
Prof. Dr. W. Kikuth, Düsseldorf
Die Entstehung der Silikose und ihre Verbreitungsmaßnahmen

Heft 40a:
Prof. Dr. E. Groß, Bonn
Berufskrebs und Krebsforschung
Prof. Dr. H. W. Knipping, Köln
Die Situation der Krebsforschung vom Standpunkt der Klinik und des praktischen Arztes

Geisteswissenschaften

Heft 1:
Prof. Dr. W. Richter, Bonn
Die Bedeutung der Geisteswissenschaften für die Bildung unserer Zeit
Prof. Dr. J. Ritter, Münster
Die aristotelische Lehre vom Ursprung und Sinn der Theorie

Heft 2:
Prof. Dr. J. Kroll, Köln
Elysium
Prof. Dr. G. Jachmann, Köln,
Die vierte Ekloge Vergils

Heft 3:
Prof. Dr. H. E. Stier, Münster
Die klassische Demokratie

Heft 4:
Prof. Dr. W. Caskel, Köln
Lihjan und Lihjanisch. Sprache und Kultur eines früharabischen Königreiches

Heft 5:
Prof. Dr. Th. Ohm, Münster
Stammesreligionen im südlichen Tanganyika-Territorium. — Religionswissenschaftliche Ergebnisse meiner Ostafrikareise 1951

Heft 6:
Prälat Prof. Dr. G. Schreiber, Münster
Deutsche Wissenschaftspolitik von Bismarck bis zum Atomphysiker Otto Hahn

Heft 7:
Prof. Dr. W. Holtzmann, Bonn
Das mittelalterliche Imperium und die werdenden Nationen

Heft 8:
Prof. Dr. W. Caskel, Köln
Die Bedeutung der Beduinen in der Geschichte der Araber

Heft 9:
Prälat Prof. Dr. G. Schreiber, Münster
Iroschottische und angelsächsische Kultureinflüsse im Mittelalter

Heft 10:
Prof. Dr. P. Rassow, Köln
Forschungen zur Reichsidee im 16. und 17. Jahrhundert

Heft 11:
Prof. Dr. H. E. Stier, Münster
Roms Aufstieg zur Weltherrschaft

Heft 12:
Prof. Dr. D. K. H. Rengstorf, Münster
Zum Problem der Gleichberechtigung zwischen Mann und Frau auf dem Boden des Urchristentums
Prof. Dr. H. Conrad, Bonn,
Grundprobleme einer Reform des Familienrechts

Heft 13:
Professor Dr. Max Braubach, Bonn,
Der Weg zum 20. Juli 1944 — Ein Forschungsbericht

Heft 14:
Prof. Dr. Paul Hübinger, Münster
Das deutsch-französische Verhältnis und seine mittelalterlichen Grundlagen

Heft 15:
Prof. Dr. Franz Steinbach, Bonn
Der geschichtliche Weg des wirtschaftenden Menschen in die soziale Freiheit und politische Verantwortung

Heft 16:
Prof. Dr. Josef Koch, Köln
Die Ars coniecturalis des Nikolaus von Cues

Heft 17:
Dr. James B. Conant,
U.S.-Hochkommissar für Deutschland
Staatsbürger und Wissenschaftler
Prof. Dr. D. Karl Heinrich Rengstorf, Münster
Antike und Christentum

Heft 18:
Prof. Dr. Richard Alewyn, Köln
Klopstocks Publikum

Heft 19:
Prof. Dr. Fritz Schalk, Köln
Das Lächerliche in der französischen Literatur des Ancien Regime

Heft 20:
Prof. Dr. Ludwig Raiser, Bad Godesberg
Präsident der Deutschen Forschungsgemeinschaft
Rechtsfragen der Mitbestimmung

Heft 21:
Prof. D. Martin Noth, Bonn
Das Geschichtsverständnis der alttestamentlichen Apokalyptik

Heft 22:
Prof. Dr. Walter F. Schirmer, Bonn
Glück und Ende der Könige in Shakespeares Historien

Heft 23:
Prof. Dr. Günther Jachmann, Köln
Der homerische Schiffskatalog und die Ilias

Heft 24:
Prof. Dr. Theodor Klauser, Bonn
Die römischen Petrustraditionen im Lichte der neuen Ausgrabungen unter der Peterskirche

Heft 25:
Prof. Dr. Hans Peters, Köln
Der Grundsatz der Gewaltentrennung in heutiger Sicht

If you have any concerns about our products,
you can contact us on
ProductSafety@springernature.com

In case Publisher is established outside the EU,
the EU authorized representative is:
Springer Nature Customer Service Center GmbH
Europaplatz 3, 69115 Heidelberg, Germany

Printed by Libri Plureos GmbH
in Hamburg, Germany